"十四五"普通高等教育本科部委级规划教材

深圳大学教材出版资助项目

传统植物蓝染技艺

罗 莹 张 湜 陈咏梅 编著

U0241934

中国纺织出版社有限公司

内 容 提 要

本书是"十四五"普通高等教育本科部委级规划教材。传统植物染是中华染色技艺的精髓，无论是隋唐的绞缬、蜡缬，还是宋明的夹缬、灰缬，都凝聚了传统染艺的智慧，给我们留下丰盛的文化遗产。本书包含大量图片和详尽的工艺流程介绍，收集整理了世界各地植物蓝染技艺，讲述蓝染的染色原理、染色工艺、创新推演，并从蓝染的角度完整地讲述扎染、蜡染、夹缬染、型糊染（灰缬）的相关内容，力图帮助学习者构建染缬的系统思维和推演思维的全息观，通过对基础技术方法的解构式学习，深入探究技术背后的逻辑构建、理解、掌握和运用相关原理，培养学习者的洞察力、分析能力、逻辑思维能力和试验探索能力。

本书可作为高等院校艺术类、纺织服装类专业师生的教材使用，还可作为染织行业从业者的参考书籍使用。

图书在版编目（CIP）数据

传统植物蓝染技艺 / 罗莹，张湜，陈咏梅编著 . --北京：中国纺织出版社有限公司，2024.2
"十四五"普通高等教育本科部委级规划教材
ISBN 978-7-5229-1231-8

Ⅰ . ①传…　Ⅱ . ①罗… ②张… ③陈…　Ⅲ . ①植物–天然染料–染料染色–中国–高等学校–教材　Ⅳ .①TS193.62

中国国家版本馆 CIP 数据核字（2023）第 233563 号

责任编辑：宗　静　苗　苗　　特约编辑：渠水清
责任校对：寇晨晨　　　　　　　责任印制：王艳丽

中国纺织出版社有限公司出版发行
地址：北京市朝阳区百子湾东里 A407 号楼　邮政编码：100124
销售电话：010—67004422　传真：010—87155801
http://www.c-textilep.com
中国纺织出版社天猫旗舰店
官方微博 http://weibo.com/2119887771
北京通天印刷有限责任公司印刷　各地新华书店经销
2024 年 2 月第 1 版第 1 次印刷
开本：787×1092　1/16　印张：16.75
字数：289 千字　定价：88.00 元

前言

在国家大力弘扬传统文化和中国传统技艺的背景下，越来越多的院校师生和社会人士参与其中，带动起复兴中国本土文化的浪潮，呈现出一片繁荣景象，但其中也有一些问题值得我们反思。

其一，根性思维。中国在向世界开放、虚心学习并探寻复兴、振兴中华之路的同时，设计界却不得不面对一些简单模仿和盲从的话题。何以解决？唯有自有"根性"，才有真学，而非简单效仿。因此，本书意图建立与探索者的链接和激励。教的本身是一种激活引导而非技术技能的灌输，通过可观的技法学习，以量的积累达到质变，让学习者在这个过程中上升思考维度从而形成自己的语言或风格，才是复兴传统文化之根。

其二，系统性。系统梳理植物蓝染脉络，纵观古今、骋目东西，拓宽学习者的眼界是本书作者的坚持。国内植物染色的教学目前尚处于初始阶段，教材缺乏、知识架构不完整、染色技艺不娴熟都是目前教学中存在的问题。简单的范式作坊教学思维，所授课程内容单一、重技术而无系统性，只能是"知其然，而不知其所以然"的技术复刻，缺失启发性，也无法让学生在过程中体会深入探究的乐趣；院校老师缺乏实现这种充分的实践和建立系统专业性的时间与空间；企业匠人缺乏呈现和合理传达出具有启发性的思维与技能的能力。因而，本书的编者们达成共识，愿为此而做出必要的努力，尽其力而成此书。

其三，轻技术、重思维。探索启发性是编者们的初心。本书不是一本纯技法书，书中的框架都是从各个技法的原理出发，解析每一种工艺有可能创新的变量；教学过程中也希望授课人打破传统教学思维，不是为了让学习者简单效法，而是通过方法去链接到该工艺原理，让学生在理解原理的基础上尝试创新，开启探索变量思维，让学生们在此过程中感受到传统文化的精髓所在。

本书编者在探索实践过程中，深知正确思维方式的重要性。传统植物染色是多学科融合的结果，四缬技法的产生与传承也是前人数千年持续创新、不断更迭的精华所在，溯本求源建立根性思维和基础思维，链接古今中外、打破认知的局限，拓宽知识的边界，培养深度探索和思考能力，理解工艺演化的逻辑，是编者们的初心。

本书由罗莹、张湜、陈咏梅共同撰写。第一章传统蓝染概论、第三章蜡染和第四章夹缬染由罗莹撰写；第二章扎染由张湜撰写；第五章型糊染（灰缬）由陈咏梅撰写。本书将所有技术节点进行合理的逻辑关联，旨在让学习者更好地理解技术演化的内在逻辑，而非一个简单的技法教程。虽文识单薄，但依然希望本书能为中国传统文化的复兴付出一点微薄之力。

编著者

2023年4月

教学内容及课时安排

章/课时	课程性质/课时	节	课程内容
第一章 （2课时）	理论基础（2课时）	●	传统蓝染概论
		一	植物蓝染的概念与历史沿革
		二	世界各地的蓝染
		三	蓝染的染色原理与基本方法
第二章 （16课时）	理论讲解（8课时） 实践操作（8课时）	●	扎染
		一	扎染发展简述
		二	扎染的概念、原理、基本方法
		三	扎染的学习及思维拓展
		四	扎染的工艺流程
		五	扎染的工艺技术
第三章 （8课时）	理论讲解（4课时） 示范实操（4课时）	●	蜡染
		一	蜡染的概念与历程
		二	蜡染的原理
		三	蜡染的工艺流程
		四	蜡染的工艺与技法
第四章 （4课时）	理论讲解（3课时） 示范实操（1课时）	●	夹缬染
		一	夹缬染的概念与发展历程
		二	夹缬染的工具
		三	夹缬染的基本方法及原理
		四	夹缬染的工艺流程
		五	夹缬染的工艺技术
第五章 （6课时）	理论讲解（4课时） 示范实操（2课时）	●	型糊染
		一	型糊染的源起与概述
		二	型糊染的概念与原理
		三	型糊染的工艺及其特性
		四	型糊染的染色流程与注意事项
		五	型糊染作品赏析

注 各院校可根据自身的教学特点和教学计划对课时进行调整。

目 录

CONTENTS

1 第一章
传统蓝染概论

2 第二章
扎染

3 第三章
蜡染

4 第四章
夹缬染

5 第五章
型糊染

第一章

传统蓝染概论

在人类从猿到人的进化历程中，从茹毛饮血的"裸装形态"，到旧石器时代用树叶、兽皮围裹身体、用炭灰泥浆涂抹身体的"原始状态"，再到新石器时代出现原始农耕、养蚕织布、缝制衣物的"着装状态"。在这个漫长的演变过程中，人类积累了从自然环境中获取物品染色的经验，拉开了人类衣文化和染缬纺织文化的序幕，从而进入一个姹紫嫣红的新时代——天然染色的时代。

回顾中国服装史，从商周的"玄衣缥裳"、秦汉的"峨冠博带"，到唐宋的"袒胸襦裙""大袖纱衣"，古代服饰无不呈现雍容华贵、锦罗玉衣的华美状态。其中，天然染色的染缬技艺功不可没。在《大唐六典》中描述"凡染大抵以草木而成，有以花叶、有以茎实、有以根皮"，概括出植物染料运用的广泛性。无论是染红的茜草、红花，染黄的黄檗、槐米，还是染黑的皂斗、乌桕等，在诗经、唐诗宋词中都有描述，其中普及度最高、至今广为流传的当属蓝染。

蓝染属于植物染色中的冷染，不需要加热、煮沸、萃取色素来染色，而是将蓝草经过冷水浸泡、打靛、获得靛泥再发酵还原后染色。蓝染可以通过控制染色时间和染色次数获得多个色阶的蓝，表现力十分丰富。植物蓝染在色牢度等方面也体现出不易落色、经久耐穿的特质，加之其使用方便、可多次循环染色的特点，使蓝染富有更强的生命力。蓝染不仅在贵州、云南、广西、福建、浙江、江苏等地区被使用，在世界领域内仍被广泛使用。

第一节
植物蓝染的概念与历史沿革

一、植物蓝染的概念

（一）天然染色

天然染色，英文为 Natural Dyeing，是指人类在历史发展和文明进化中，不断从各种物品中获取颜色，利用天然材料染色的方法。

在百度百科中关于"天然染色"的概念有这样的描述："是指使用天然染料为染色原料染色，同时在染色过程中不使用或极少使用化学助剂，而使用从大自然中取得的天然染料，以大自然中的泥土、矿物质、生物酶作为天然媒染剂对产品进行染色的一种工艺。" ❶

天然染色从染料的角度分为动物染料、矿物染料和植物染料。

1. 动物染料

动物染料是指利用动物的血液、分泌物、躯壳来染色。常用的天然染料中，五倍子、紫胶、胭脂虫都属于动物染料，是将动物的躯壳、分泌物等通过萃取提炼色素染制面料。在云贵地区，还有用动物的血液、牛皮胶、蛋清涂抹面料的方法，达到染色、增加光泽的目的。

2. 矿物染料

矿物染料是将有色矿物研磨成细粒后制成的染（颜）料，古称石染，常用的矿物染料有赤铁矿、朱砂、石青、石绿、赭石等。在马王堆汉墓出土的纺织品文物上，可以看到将各色矿物染料研磨后借助胶质涂染在服饰上形成的纹样。日本的弁柄染则是利用有色矿土赤铁矿加热后、水浸出色将织物染成橙色、红色或棕色。

3. 植物染料

植物染料相对于动物、矿物染料，使用更为广泛，染材更易获取，更易得到丰富的色泽，所以在人类的染缬历史中占有重要地位。

（二）植物染色

植物染色英文为 Plant Dyeing，是指利用自然中各种含有色素的植物，提取色素进行染色的方法。

---

❶ 百度百科"天然染色"。

1. 不同部位的染材

植物染材可以使用植物的不同部位（图1-1-1）：

（1）以根部为染材：茜草、虎杖、紫草根、姜黄等。

（2）以树干为染材：苏木、柘木、黄栌、墨水树等。

（3）以树皮为染材：杨梅、黄檗等。

（4）以枝叶为染材：蓝草、茶、龙眼、荔枝、乌桕、冬青、构树等。

（5）以花朵为染材：槐花、红花、雏菊等。

（6）以果实为染材：栀子、莲蓬、薯莨、柿子等。

（7）以表皮为染材：洋葱皮、石榴皮、核桃青皮、莲子壳、板栗壳、黑豆皮等。

多数植物染材在浸泡、煮沸后可萃取其色素用于染色。如图1-1-2所示的苏木、茜草、红花是2018年日本植物染大师吉冈幸雄老师在深圳大学讲座时陈列的染材与染色效果图片。

图1-1-1　常用的植物染材（图片来源：自摄）

1—艾草　2—茶杆　3—红花　4—五倍子　5—紫胶　6—柘木　7—莲蓬莲子壳　8—栀子　9—槐米
10—苏木　11—黑豆皮　12—墨水树

（a）苏芳　　　　　　　　　（b）日本茜　　　　　　　　　（c）红花

图1-1-2　红色系染材（图片来源：自摄）

2. 不同颜色的染材

日积月累下人们对植物染材的染色效果逐渐有了完整的认识。明代李时珍在《本草纲目》中除了对近千种本草中药理论梳理外，对本草的染色属性也有详尽描述。宋应星在《天工开物·乃服》《天工开物·彰施》中针对纺织材料的来源与加工、植物染色、染材属性，以及染色法、媒染法、套染法都有完整地叙述。通过对史书的归纳，常用的染材如下：

（1）染红色系的染材：苏木、茜草、红花。

（2）染黄色系的染材：栀子、槐米、黄檗、郁金、柘木、黄栌、柘木、荩草。

（3）染蓝色系的染材：是由马蓝、蓼蓝、木蓝、菘蓝等蓝草制靛后发酵染色而成。

（4）染黑灰色系的染材：茶、黑豆皮、鼠尾草、莲蓬、皂斗、乌桕、五倍子、板栗壳、核桃表皮等通过加绿矾、铁媒后可染灰黑色。

（5）染绿色系的染材：鼠李（冻绿）、丝瓜。

（6）染紫色系的染材：紫胶、紫草根、墨水树等。

植物染色非常微妙，同一种染材染色次数、浓度、媒染剂不同，染出来的颜色会有丰富的色泽变化；同一锅染液染制品材质不同，显色也不一样，动物纤维的真丝、羊毛通常比植物纤维的棉麻显色效果好。同时，植物染材涉猎广泛，不同地区、不同时间采集的染材染色效果都会有所差异。如染橙红色的茜草按照产地可分为印度茜、日本茜、中国茜、西洋茜等，其中印度茜染色效果最为浓郁。

此外，很多染材都具有"染药同源""染食同源"的特性。❶这也见证了植物染绿色安全的属性。

3. 植物染色手法

植物染的主要染色手法如下：

（1）煎煮染：用沸水煎煮、萃取色素获取染液染色的方法，多数植物染材采用这种方法。

（2）鲜叶染：采摘新鲜叶子揉搓、绞汁染色的方法，蓝草鲜叶染出不同的月蓝、湖蓝色。

（3）制靛染：蓝草冷水浸泡打靛沉靛、发酵后染色，可多次重复使用的染色方法。

（4）日晒法：利用植物中的单宁，通过日晒加深色泽的方法。薯莨染和柿染就是典型的日晒法。

（5）蒸煮法：将含有色素的植物叶子和纺织品卷在一起，系扎后隔水蒸煮，将叶子色素转印在面料上的方法。

（6）敲拓染：用工具敲打铺在纺织品上的花叶，将其形状、色素直接拓印在面料上，再蒸煮固色的方法。

其中，制靛法的植物蓝染与其他植物染色方法迥异，其拥有种植广泛、循环使用、染色便捷、效果优异、色彩稳定、固色良好等特性，被世界各地的人们广泛使用，在植物染中占有重要地位。

（三）蓝染

植物蓝染是指传统植物染色工艺中用蓝草染色的方法，简称蓝染。植物蓝染在世界各

---

❶ 邵旻. 药染同源——本草纲目里的传统染织色彩[M]. 上海：东华大学出版社，2022.

地都有使用，泛指用板蓝、蓼蓝、木蓝、菘蓝等蓝草染色的工艺。在《大英百科全书》中记载的世界各地蓝草有几百种之多，遍布亚洲、非洲、欧洲、中美洲。

《说文解字》中写道："蓝，染青艸也。"从篆书的"蓝"字我们可以看出该字由草、臣、皿组成，如同古代负责染色的人在器皿旁观察蓝草染液的状态。

而"染"，在《说文解字》中释义如下："染，以缯染为色也。"该字在篆书中由木、水、九组成，可见染料来源于植物的"木"，染色时需要"水"，"九"意为多次浸染。

《说文解字》中形象地刻画出蓝染的概念和状态：蓝染由蓝草染制，需要打靛养缸、观察染液，染色时多次浸染、氧化、漂洗方可达成。

蓝染的英文为Indigo Dyeing，其中Indigo指靛蓝、靛蓝颜色，Dyeing指染色。蓝染，顾名思义是由蓝草制靛染色的方法。荀子的那句名言"青出于蓝而胜于蓝"，其中的"蓝"是蓝草，"青"是指用蓝草染的蓝色，句意为"用蓝草染的蓝色比蓝草更蓝"。同样在 *Indigo—The Colour that Changed the World* 一书中，关于蓝染开章第一句就是"From green leaf to blue cloth"（从绿叶到蓝衣），由此可见，蓝染是指用蓝草的叶子制作染料用来染制蓝色纺织品的工艺。

和蓝染相关的概念是蓝草、蓝靛和蓝染。

1. 蓝草

蓝草是板蓝、蓼蓝、木蓝、菘蓝的统称，是使用最广泛的植物染染材。可制靛染蓝的植物全世界有很多，中国主要有四种：分布在云南、贵州、福建、广西、广东的板蓝；在山东、江苏等地种植的蓼蓝；中国台湾地区、海南的木蓝；北方地区种植的菘蓝。

2. 蓝靛

靛，一种天然的蓝色染料，也称"靛蓝""蓝淀""靛膏""靛泥"，英文为Indigo。"靛"在《说文解字》中记载为"淀"，意指过水之后沉淀的淤泥、淤滓。蓝靛是指用蓝草的叶子浸泡后、加石灰搅拌沉淀淤积而成的蓝色膏状物。

3. 蓝染

蓝染是用蓝靛染料按一定比例添加水、碱、营养剂建缸，待染缸还原发酵后形成墨绿色的染液并循环染色的过程。无论是手工蓝染还是机械化蓝染，都需要多次浸染、多次氧化的不断叠加，形成不同色阶的蓝。蓝染次数的增加会使蓝更深邃、沉稳。

（四）蓝染的主要工艺

蓝染除了常规的净色染、渐变染外，还可以叠加扎染、蜡染、夹缬染、型糊染、印花、拔染等染缬工艺，使其呈现丰富的图形变化。

我国最早出现的是扎染工艺，也称绞缬，是利用绳线绑缚、系扎，通过压力束缚等形成防染的效果。扎染是传统染缬的基点，更富创造性；蜡染也称为蜡缬，通过加热熔蜡绘制达到防染的目的，秦汉唐宋都有运用，云贵地区少数民族至今沿用；夹染是夹缬，是以对称雕花木板夹布防染的方法，最辉煌的代表作是唐朝的多色夹缬，至今工艺高超、令人叹为观止；型糊染是宋明之后广为流传的工艺，采用黄豆粉、石灰粉混合搅拌制成防染糊、用型板刮糊防染而成，也称"灰缬""蓝印花布"，江苏、湖南、浙江一带现在还有很多工坊仍在沿用。

二、蓝草的种类与分布

蓝染由蓝草制靛染色而成，认识蓝草是蓝染的第一步。

（一）古代蓝草的种类

中国使用蓝草的历史悠久，据文献记载，早在夏朝人们已开始种植蓼蓝。后魏的《齐民要术》中提及三种蓝草：马蓝、木蓝、冬蓝；唐代的《新修本草》中分为：菘蓝、蓼蓝、马蓝、木蓝；明代的《本草纲目》将蓝草分为蓼蓝、菘蓝、马蓝、木蓝；明代《天工开物》中将蓝草分为茶蓝、蓼蓝、马蓝、吴蓝、苋蓝；民国时期《国产植物染料染色法》中提及的蓝草是蓼蓝、菘蓝、马蓝、木蓝、芥蓝。从中我们可以看到，历史上各个时期对蓝草类植物的称谓有一些混淆。

现代从植物学的角度来看，蓝草分为四类：爵床科的板蓝、十字花科的菘蓝、豆科的木蓝以及蓼科的蓼蓝。

（二）现代蓝草的种类

1. 木蓝

木蓝（拉丁名：*Indigofera tinctoria Linn.*），豆科木蓝属，高达100厘米，是四种蓝草中叶子最小、最耐旱耐热的植物。木蓝为灌木类植物，开粉紫色小花朵，因为其花、叶和果实与槐树类似，又称槐蓝；其枝干呈木质化也被称为木蓝（图1-1-3）。木蓝是世界上种植广泛的蓝草，以印度种植使用最为普遍，也称为"印度蓝"，主要分布于亚洲南部、非洲及北美洲等地，在中国主要分布于海南、福建、广东、广西和台湾等热带、亚热带地区。❶

（a）木蓝

（b）木蓝种子

图1-1-3 木蓝（图片来源："植物智"网站）

---

❶ 蓝草资料来源于"植物智"网站。

2. 板蓝

板蓝〔拉丁名：*Strobilanthes cusia*（*Nees*）*Kuntze*〕，是爵床科板蓝属植物，属亚热带植物。板蓝高为60～100厘米，叶子较大呈椭圆形，花为粉紫色（图1-1-4）。板蓝喜阴，适合生长在温暖潮湿、海拔较低的山谷，也称山蓝、马蓝。❶板蓝在印度、日本也有种植，是我国西南地区主要的靛蓝植物，分布在贵州、广东、云南、福建及台湾等地。

图1-1-4 板蓝（图片来源："植物智"网站）

3. 蓼蓝

蓼蓝（拉丁名：*Polygonum tinctorium* Ait.）属蓼科，一年生草本植物，高50～80厘米，叶子和板蓝较像，花穗不同呈淡红色（图1-1-5）。❷蓼蓝适应性强，属于温带和亚热带植物，主要分布在日本、印度、欧洲等地，在我国分布于辽宁、河北、山东、江苏、浙江、湖南、湖北等地。

（a）蓼蓝　　　　　　　　　　　　　　　　（b）蓼蓝种子

图1-1-5 蓼蓝（图片来源："植物智"网站）

4. 菘蓝

菘蓝（拉丁名：*Isatis tinctoria* var. tinctoria），属十字花科，被称为茶蓝。二年生草本，高30～120厘米；叶子细长、花瓣黄色，种子长圆形，花期4～5月（图1-1-6）。❸菘蓝是世界种植面积最大的蓝草，欧洲、土耳其、亚洲北部都有大面积种植；我国主要在新疆、内蒙古、甘肃、山东等地种植。

---

❶ 蓝草资料来源于"植物智"网站。
❷ 蓝草资料来源于"植物智"网站。
❸ 蓝草资料来源于"植物智"网站。

（a）菘蓝 　　　　　　　　　　　　　（b）菘蓝种子

图1-1-6　菘蓝（图片来源："植物智"网站）

（三）世界各地的蓝草分布

受气候、地形、纬度的影响，世界各地对蓝草的使用、称谓各有不同，在同一个地区也有不同的蓝草种植。中国台湾地区就同时种植木蓝和板蓝，当地人称板蓝为马蓝；贵州种植蓼蓝和板蓝，当地人则称板蓝为山蓝。除欧洲的菘蓝和日本的蓼蓝外，多数蓝草在热带、亚热带地区生长。

在 *Indigo—The Colour that Changed the World* 一书中，关于蓝草的世界分布、蓝草产地的介绍如下：❶

木蓝：分布在印度、非洲、印度尼西亚、菲律宾、南美、埃及等热带地区；

菘蓝：分布在欧洲、土耳其、中国北部、中亚、韩国、日本等地；

蓼蓝：分布在南亚、中国、日本、韩国；

金三角蓝：分布在老挝、越南、泰国、中国南部、印度东北部、孟加拉国等；

非洲蓝：分布在非洲中部，此外还有南亚地区、中美洲等地的蓝草。

三、中国蓝染的发展历程

人类使用天然植物染色的历史悠久。《周礼·天官》记载："染人染丝帛"，商周时期有了专门的染色机构和专门负责收集染材的"掌染草"以及负责染色的"染人"职位。春秋时期，人们已经掌握了蓝草制靛和使用的技术，中国植物染历史由此掀开了新的一页。

在人类使用蓝草染色的过程中，早期以直接和简单的鲜叶揉搓法和鲜叶浸染法为主。在日常劳作中，人们发现一些植物的叶子揉搓、沾染在衣物上难以清洗，呈现浅蓝色，于是将新

---

❶ CATHERINE L. Indigo—the colour that changed the world [M]. London: Thames & Hudson, 2013.

鲜蓝草的叶子和面料一起揉搓、使其汁液渗透进面料达到染色的目的，这种方法就是鲜叶揉搓法。而鲜叶浸染法是将新鲜蓝草捣碎后用水浸泡稀释，过滤后成为鲜叶染液，面料浸染其中会得到较为均匀的染色效果。鲜叶法染制的蓝色清透明朗，可染碧色、月白、草白等浅蓝色，至今被沿用（图1-1-7）。但鲜叶浸染法有一定的局限性，只适合在蓝草收割的季节染色。

鲜叶浸染法的色泽和蓝靛泥染制的色泽有很大不同。蓝草经过打靛制蓝，添加石灰粉使蓝靛素浓缩，更加稳定且方便保存、运输，色泽也深沉稳定、大气雍容（图1-1-8）。

图1-1-7　鲜叶法染制的蓝（图片来源：　图1-1-8　蓝靛染制的蓝（图片来源：自摄）
自摄）

春秋时期人们掌握了蓝草制靛染色的工艺，在北魏贾思勰的《齐民要术》和明代宋应星的《天工开物》中都有文字记载，描述如何将蓝草制成靛蓝的过程和方法。

《齐民要术》中描述道："刈蓝倒竖于坑中，下水，以木石镇压，令没。热时一宿、冷时再宿，漉去荄，内汁于瓮中。率十石瓮，著石灰一斗五升，急抒之，一食顷止。澄清，泻去水。别作小坑，贮蓝淀著坑中。候如强粥，还出瓮中盛之，蓝淀成矣。"《天工开物》中制靛的方法是："凡造淀叶与茎多者入窖，少者入桶与缸，水浸七日，其汁自来。每水浆壹石，下石灰五升，搅冲数十下。淀信即结，水性定时，淀沉于底"。这些记录对蓝草的浸泡时间、石灰的比例、如何操作都有详尽的描述。无论是《齐民要术》的"热时一宿、冷时再宿"，还是《天工开物》的"水浸七日，其汁自来"，都说明古代两种打靛方法因地域、纬度和气温不同而有所区别，但打蓝制靛的时间、温度、方法有一定相似性。历经千年，人们至今仍保留着这种传统打靛的技术。

唐代是纺织业的鼎盛时期，染缬印花技术大大发展。唐宋时期的绞缬、蜡缬、夹缬手法丰富，样式繁多。在蜡染的技艺方法上除了画蜡（又称绘蜡）、点蜡，还有和夹染手法融合的夹板法印蜡染色和镂空雕版印花法等创新工艺。

两宋时期灰缬技法广为流传。由于蜡染的蜂蜡较难获得，后用以豆粉、石灰调制防染糊的灰缬代替蜡染，一直流传至今的蓝印花布就是这种工艺的传承。灰缬制作简单，纹样品种丰富，适应性广，明清之后规模越来越大。

同样被流传下来的还有夹缬。唐宋时期夹缬以五彩丝绸夹缬为主，在英国、法国、日本的博物馆，还能看到技艺超群的彩色夹缬文物藏品。明清后保留的蓝染夹缬的技艺，至今在浙南地区流传。

植物蓝染流传几千年，直到工业革命后，合成蓝靛的出现逐渐替代了植物蓝靛，但人们用各种方式传习了这一份美好的蓝色。西南少数民族地区至今用传统的方式打靛染蓝，树荫下、水沟旁随意种植着一簇簇山蓝，门口的大桶用石块压着以浸泡蓝草，方便闲时打靛。屋内染缸作为生活起居的一部分，可以随手画蜡染布；风雨桥和鼓楼下端坐着穿着蓝染、亮布的老人，成为侗寨的日常画面。

近年来，随着社会对传统文化的关注以及对环境污染的担忧，人们开始对绿色环保的植物染投注越来越多的目光，不仅是传统植物染手艺人，一些独立设计师、服装工作室，甚至服装企业都推出了植物染的系列，使植物蓝染逐渐得到复兴。

第二节
世界各地的蓝染

据史料记载，中国和古埃及、秘鲁、古印度为世界上较早使用靛蓝的国家。公元前3000年，人们就开始使用菘蓝或木蓝染色，如图1-2-1所示的图片来源于英国的维多利亚与艾尔伯特博物馆，埃及出土织物上的蓝色很可能是用靛蓝染色的。

（a）5~7世纪埃及出土蓝染　　　　　（b）4世纪埃及出土蓝染　　　　　（c）11世纪埃及出土的织物残片

图1-2-1　古代埃及出土的织物（图片来源：维多利亚与艾尔伯特博物馆官网）

一、印度的蓝染

（一）历史演变

古印度是较早使用蓝染的国家，据史料记载，青铜时代的古印度河流域文明（公元前3300~公元前1300年）就有使用蓝染的记录，其鼎盛时期可供养500多万居民从事蓝染相关的行业。

　　古希腊、古罗马时期，欧洲就开始从印度引进木蓝。木蓝比菘蓝染色更深，不易褪色，受到欧洲人的喜爱。到15世纪末，欧印新航线的开启使印度靛蓝直接出口到欧洲，促使印度大规模种植蓝草。16世纪大量印度靛蓝出口到欧洲，17世纪末几乎取代了欧洲的菘蓝，到19世纪初印度的蓝靛业达到了鼎盛时代。这种状况持续到1887年德国化学家阿道夫·冯·拜耶（Adolf von Baeyer）推出合成蓝靛才被打破。

　　而印度至今保留着大量的手工技艺，其中植物蓝染、手工雕版印花、扎染、刺绣等方面都有非常精湛、华美的作品留存（图1-2-2）。

（a）8世纪出土的印度蓝染印花　　　　（b）15世纪印度出土的蓝染　　　　（c）15世纪印度出土的蓝染作品2
　　　　　　　　　　　　　　　　　　　　　　作品1

图1-2-2　印度蓝染印花作品（图片来源：维多利亚与艾尔伯特博物馆官网）

（二）蓝染植物的品类

　　由于气候和地理位置的影响，印度的蓝草主要以木蓝为主。这种被称为印度木蓝的植物高大耐热，适合印度南方的气候。在印度的东部地区也有板蓝的种植（图1-2-3）。

图1-2-3　印度木蓝与19世纪孟加拉国的蓝草农场

（三）蓝染染料的制作方式

印度木蓝和中国的板蓝一样，是一年三次收割。通常1月是播种时节，3、4月第一次收割，6月第二次收割，9、10月完成第三次收割。每次收割后的蓝草立即被运到染料厂浸泡、搅拌、沉淀、晾晒来提取蓝靛。❶

图1-2-4　印度蓝靛（indigo cake）

印度蓝靛的提取和打靛方法和中国制靛工艺相似，也是利用生叶沉淀法制靛，不过它们最终呈现的是固体的"块"，也被称为"蓝靛蛋糕"（indigo cake）（图1-2-4）。❶

Indigo —The Colour that Changed the World 书中描述印度打靛过程如下（图1-2-5）：

（1）将木蓝的枝叶浸泡池中，发酵、滤出枝叶。

（2）人们站在踏板上合力踩动，促进空气中氧分子渗透到水中，达到搅拌的功能。

（3）沉淀后排出浮水，搅拌池底部形成2~3厘米的蓝色淤泥，加热后浓缩。

（4）再次过滤后倒入模具，去除残留的水。切成块状，晾干后以块状或碾成粉末状呈现。

（a）印度蓝草浸泡　　　　　　（b）搅拌打靛　　　　　　（c）过滤晾晒

图1-2-5　打靛的过程

传统印度蓝染缸和日本、非洲的蓝染缸相似，为了方便操作将染缸埋入地下或半地下，人们在染色时蹲在缸边操作。在印度，纺织业分工明确，种植、打靛、雕刻模板、印花染色、销售都有专门的机构或工坊承担。染坊通常也是家族共同维系，通常男子负责印花、染色、销售，而女子负责洗涤、扎染、刺绣、晾晒收纳（图1-2-6）。

1. 雕版印花（Block Printing）

印度植物蓝染有独特的技艺和风格，最有影响力的是雕版印花。印度蓝染用阿拉伯树胶或蜡等作为防染剂，用模具拓印做防染处理后再蓝染。蓝染印花还会利用蓝靛多次染色的特性，在染色途中加印1~2次的防染糊，这样可以得到深浅不同的蓝染印花纹样（图1-2-7）。

---

❶ CATHERINE L. Indigo—the colour that changed the world[M]. London: Thames & Hudson, 2013.

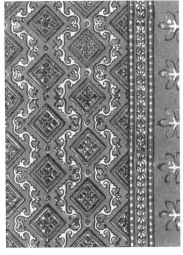

图 1-2-6 印度蓝染（图片来源：*Indigo—The Colour that Changed the World*）

图 1-2-7 印度的雕版蓝染印花（图片来源：*Indigo—The Colour that Changed the World*）

2. 扎染（Bandhej）

扎染在印度被称为"Bandhej"或"Bandhani"，流行于拉贾斯坦邦、古吉拉特邦和北方邦部分地区。扎染时用线在多个点紧密地系扎，可在织物上达到防染目的，产生各种图案。印度扎染历史悠久，扎染图案的模板都是提前画出纹样的位置，再用线和工具在对应的位置系扎固定。印度扎染工具像一个带尖的顶针，使用时左手用顶针尖顶出面料，右手缠线完成系扎过程（图1-2-8）。

图1-2-8 印度蓝染扎染及扎染使用的工具

3. 纳缝

印度在印花棉布和蓝染面料上还使用细密的纳缝（手工绗缝）的手法，将两三层面料合二为一，不仅增加了厚度韧性和牢固度，也使面料表面出现丰富、质朴的肌理。

二、日本的蓝染

（一）历史演变

在日本，靛蓝染色被称为"Aizome"。据文献记载，植物染在6世纪由中国传入日本。在德岛的一份历史记录中显示，早在13世纪日本就有使用蓝染，17世纪在德岛得到保护和沿袭并扩大了蓝染生产。18世纪至19世纪的江户时代，蓝染被广泛用于各种织物。化学合成的人工染料在20世纪导致传统蓝染衰落，在少数人的坚持下，传统的蓝染才得以保存至今。德岛至今保留了日本传统的制靛和蓝染的独特方法，被称为"阿波蓝"，当地还建了"阿波蓝"的博物馆，整理保留了完整的资料。

（二）蓝染植物的品类

日本由于气候和纬度的关系主要种植蓼蓝，部分地区种植菘蓝和板蓝，最著名的是用蓼蓝制作的染料——菘蓝（Sukumo Ai）。

（三）蓝染染料的制作方式

"Ai"是日本人对蓼蓝的称呼，"菘"是日本德岛的方言，菘蓝（Sukumo Ai）是指日本利用独特的干叶堆积法制成的炭土状植物蓝染料。这种染料由蓼蓝制成，过程漫长：在夏季收割蓼蓝后将蓼蓝枝叶分离切碎，将叶子晒干，然后在相对密封的空间将干叶一层层洒水并堆积到一定的高度，用草帘覆盖进行密集发酵；在温度升高后用力翻拌、敲碎使其均匀受热，经过多达十次的反复洒水、翻拌后，干叶已完全腐烂发酵，经过90多天的发酵后最终形成碳土状的Sukumo。这种干叶堆积发酵法制染料时间长，工序复杂，是德岛、也是日本独特的制蓝方法（图1-2-9）。

图1-2-9　德岛BUAISOU蓝染工坊干叶晾晒和堆积覆盖发酵碳土状的Sukumo（图片来源：自摄）

德岛四位年轻人创建的BUAISOU蓝染工坊完成了从种植、制作Sukumo到蓝染染色、产品开发、文化推广的全过程，并将日本蓝染带到了纽约和世界各地（图1-2-10）。

（a）德岛BUAISOU蓝染工坊工作图1　　（b）德岛BUAISOU蓝染工坊工作图2　　（c）BUAISOU蓝染产品

图1-2-10　德岛BUAISOU蓝染工坊

（四）染色的方法及特点

日本蓝染是将染料Sukumo与石灰、糖粉和其他物质加水混合在染色缸中，搅拌以确保发酵。当染液表面泛起紫色的泡沫、染液呈暗棕色时意味着染料可以染色。

1. 绊染（Ikat）

日本蓝染服饰中的"Ikat"是将纱线扎染再染色的工艺，也翻译成绊染。8世纪这种纺织技艺从中国传入日本，18世纪在日本普及起来。绊染是把理好的经线紧缚在绊染架上，然后在经线上扎结所需的花纹图案，放入染缸里着色，染后晾干拆除所结棉线、显出防染后白色经线，再经过织布就会形成独特的绊染纹样。这种纱线扎染染色技术会创造出独特的边缘模糊的图案（图1-2-11）。在日本，绊染是由农妇在家里染色编织而成。

绊染分为扎经染和扎经纬染两种方法。在扎经染绊染中，只有经纱使用绊染技术进行染色，纬纱被染成纯色；扎经纬染是对经纱和纬纱都进行扎染防染处理的技术，利用扎染后的经线和纬线重叠交织，会形成高难度、精巧的纹样。由于日本和服的裁剪方式是由长方形（宽度37厘米、长度约1200厘米）面料拼制而成，尺度基本不变，所以会采用绊染的方法呈现花纹。

图1-2-11　日本蓝染绊染童装（图片来源：维多利亚与艾尔伯特博物馆官网）

2. 扎染（Shibori）

日本蓝染最有影响力的是扎染，称为"Shibori"，是通过打结、缝合、遮挡或其他方式防染的染色方法。日本扎染历史悠久，京都的绞缬博物馆、名古屋的有松鸣海绞展馆均世界闻名（图1-2-12）。扎染自江户时代出现以来，已有400余年的历史，其技法多样精湛，纹样繁多，最具代表性为"鹿子绞""鱼子缬""蜘蛛绞""日出绞""岚扎""筋扎"等。

图1-2-12　日本名古屋有松鸣海绞展馆展示的各式扎染（图片来源：自摄）

3. 型染（Katazome）

维基百科将"Katazome"定义为"一种日本的染色方法，使用防蚀膏通过模板进行染色"，使用的模板称为"Katagami"。在日语中，这意味着"图案纸"。该模板主要用于和服面料的印花，我们通常翻译为型染、型糊染。这种工艺和我国的蓝印花布工艺相近（图1-2-13）。

4. 筒绘染（Tsutsugaki）

"Tsutsugaki"是日语"筒描"汉字的发音。筒描是一种手绘染色法，所以也被称为筒绘染，最早用于友禅染中糊防染的描制糊线。制作时在面料上先画一个底稿，用防水的涩柿纸做成锥形筒，通过锥形筒底部链接的金属尖嘴画出不同粗细的防染糊（图1-2-14）。

筒绘染可以画线条起到防染隔离的作用，也可以涂抹较大的面积防染。

筒绘染也是防染的一种。日本的筒绘染多数为蓝染，可以借助筒绘染呈现不同深浅的蓝色，也可以通过手绘描绘出复杂自由、气息灵动、艺术感强的线条和图形（图1-2-15）。

图1-2-13 型染板

图1-2-14 筒绘染蓝染细节图（图片来源：维多利亚与艾尔伯特博物馆官网）

图1-2-15 筒绘染作品（图片来源：维多利亚与艾尔伯特博物馆官网）

图1-2-16　北京服装学院民族服饰博物馆"千补百衲被褐出尘"东京Amuce Museum BORO馆藏展（图片来源：自摄）

5. 其他手法

日本蓝染还使用手工刺子绣和BORO纳缝等手法。刺子绣是用针按照一定的规律绗缝形成蓝底白线的规则图案，使面料形成较为丰富有趣的图形变化；BORO用多层面料缝衲而成，是一种拼布工艺。BORO有"衣衫褴褛""破烂不堪"之意，用小块面料来修补缝制，从而形成多款面料多层纳缝的独特效果（图1-2-16）。

三、欧洲的蓝染

（一）历史演变

欧洲菘蓝的使用可追溯到新石器时代，10世纪开始广泛种植，其中法国是菘蓝的主要生产国和出口国。[1]中世纪早期蓝色并未被重视，12世纪受圣母玛利亚蓝色长袍的影响，蓝色才被人们广为接受和推崇。[2]16世纪菘蓝产业遭到印度靛蓝的威胁，17世纪欧洲菘蓝几乎被印度、美洲进口的靛蓝取代，在19世纪又受到合成染料的冲击，导致天然染料市场迅速衰退。

欧洲部分地区至今还保留着传统蓝染技艺。奥地利的蓝染印花工坊坚持用染缸染布（图1-2-17），并使用和中国江南蓝印花布工坊相似的八脚支架固定面料来染色，使用木制的雕版印花模具，包括平板印花和滚轴印花来做防染印花。

图1-2-17　奥地利蓝染

[1] CATHERINE L. Indigo—the colour that changed the world[M]. London: Thames & Hudson, 2013.
[2] 朱显达.浅析西方蓝染的历史渊源以及关系[J].工业设计，2017（10）：48-49.

（二）蓝染植物的品类

欧洲蓝染植物主要是菘蓝。

（三）蓝染染料的制作方式

制蓝的过程，首先要将采集的菘蓝叶子放进一个桶里，用工具将其挤压碾碎或者用马拉的磨碾碎（图1-2-18），然后将糊状的菘蓝团成球。在捏菘蓝球时，传统的做法是借助一块木板斜向放置，在木板上不断将其揉搓成球，同时不断按压植物的汁液使其流出，否则会发霉变质。将直径6~8厘米的菘蓝球放在晾晒架上晾晒，整个晾晒过程需要4周时间。

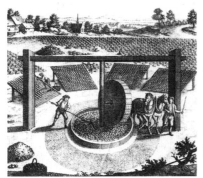

（a）古代制作菘蓝球的方法　　　　　　　　　（b）菘蓝球

图1-2-18　菘蓝球及其制作方法

（四）染色的方法及特点

菘蓝染色即先用热水与菘蓝球碎块融合，加入碱质物品和麦麸，搅拌后经过发酵，菘蓝缸的颜色变为棕绿色或棕黄色，表面有一层金属感的铜膜时即可染色。

四、非洲的蓝染

（一）历史演变

非洲蓝染主要集中在西非。靛蓝染色是传统纺织的基础，也成为一种世代相传的有价值的技艺。非洲蓝染有许多不同的风格，简单质朴的几何形扎染纹样被大量使用。

在尼日利亚西北部的卡诺还留存了古老的科法尔－马塔（Kofar Mata Dye Pit）染缸群（图1-2-19）。这个露天染坊最早被记录是在1598年，这里有100多个埋入地下的染缸，至今还有少部分被使用。

1878年，合成蓝靛同样使非洲蓝染受到极大的冲击，目前市场上还能看到一些植物蓝染的纺织品，一些艺术家也加入了推广蓝染的行列（图1-2-20）。

图 1-2-19　古老的科法尔－马塔染缸群

图 1-2-20　非洲蓝染（图片来源：*Indigo—The Colour that Changed the World*）

（二）蓝染植物的品类

非洲蓝草以木蓝为主，木蓝适合非洲干旱的气候。

（三）蓝染染料的制作方式

西非木蓝球是将木蓝茎叶碾碎后捏成球，晾干后形成直径为 10～12 厘米的木蓝球。染色时在染坑中加入水和硬木灰碱液制成溶液，再将木蓝球捏碎加入染坑中，搅拌、发酵 3～4 天，当染液表面出现紫色泡沫即可染色。将布料浸在染液中，用揉搓浸泡的方式使面料更充分地吸附染液，经过多次染色和氧化达到所需的蓝色。

（四）染色的方法及特点

1. 蜡染

尼日利亚的约鲁巴地区还保留了植物蓝靛蜡染的技艺。尼日利亚约鲁巴部落的"Adire Alabela"工艺，意思是蜡防染，使用木印、模板或泡沫橡胶将蜡转印到织物上，织物染色后再除去蜡（图 1-2-21）。

2. 扎染

"Adire"（约鲁巴语：扎染）纺织品是约鲁巴妇女在尼日利亚西南部使用扎染的防染技术制成的靛蓝染色布。非洲扎染有显著的特点，图形简洁、粗狂而现代（图1-2-22）。他们用木炭画出标记，针缝扎染成各种几何形，或折叠扎缝成形状各异的纹样（图1-2-23）。

图1-2-21　非洲蜡染（图片来源：维多利亚与艾尔伯特博物馆官网）

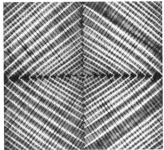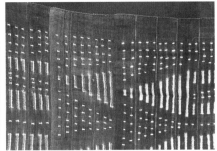

图1-2-22　非洲传统扎染（图片来源：维多利亚与艾尔伯特博物馆官网）

图1-2-23　现代西非扎染蓝染产品（图片来源：Discovering the Beautiful Indigo Textiles from West Africa官网）

3. 其他手法

非洲蓝染也有用绊染（Ikat）的方法，先染纱线再织布，此外还有蓝染印花、泥染等工艺。

五、东南亚的蓝染

（一）历史演变

东南亚的蓝染和中国云贵地区的蓝染虽然对蓝靛的称呼不同，但在蓝草种植、打靛制蓝、染纱织布方面有很多相似之处（图1-2-24）。

图1-2-24　越南木蓝农场和老挝打靛池

（二）蓝染植物的品类

东南亚蓝草的种类繁多，不同地域气候的人们选用不同的蓝草制作蓝靛。在越南、老挝和泰国北部种植马蓝、木蓝，当地的蓝草——绒毛芙蓉蓝，也叫蓝叶藤；在东南亚南部的马来西亚和印度尼西亚主要种植木蓝。

（三）蓝染染料的制作方式

东南亚的制靛方法和贵州的沉淀法基本一致。老挝人将蓝靛称为"lan ten"，是中文蓝靛的译音。东南亚木蓝也是一年两次收割，夏季、秋季是木蓝收获的季节。将木蓝的枝叶放入桶内并用石头压住、加水浸泡，2~3天后移除腐叶，加入石灰水充分搅拌打浆，沉淀后除去浮水得到蓝靛泥（图1-2-25）。

（四）染色的方法及特点

越南、泰国主要是素色染色，通过多次复染得到经久耐穿的深蓝色。传统服饰中的头饰、折裥长裙都大量使用蓝靛染色。除了染深蓝色的衣物外，还有染纱线织布以及绊染的工艺。在印度尼西亚和马来西亚的一些地方有蓝染蜡染，形成更加复杂的图样和层次。

图1-2-25 泰国的木蓝种植和制靛过程

六、美洲的蓝染

（一）历史演变

美洲的蓝染历程伴随着欧洲殖民的历程而发展，15世纪下半叶为了获得更多蓝靛，欧洲殖民者在美洲热带种植园种植靛蓝。[1]1520年西班牙人来到这里之前，墨西哥人就开始使用蓝靛和紫草染色。之后美洲蓝靛粉末被运到欧洲，中美洲的萨尔瓦多成为蓝靛的主要出口地区。19世纪合成蓝靛的出现使天然蓝靛产量下降至零，目前只有危地马拉和墨西哥的部分地区还保留了蓝染技艺，穿着蓝染和绞染服装。

（二）蓝染植物的品类

美洲蓝草主要是木蓝和美洲木蓝。

（三）蓝染染料的制作方式

制靛的过程为沉淀法，包括从播种、种植、收割、萃取、氧化、沉淀、过滤、加热、干燥，最后制成粉末包装使用，这和印度木蓝制靛相似（图1-2-26）。

图1-2-26 南美洲的打靛、制蓝和染色（图片来源：*Indigo—The Colour that Changed the World*）

---

[1] CATHERINE L. Indigo—the colour that changed the world[M]. London: Thames & Hudson, 2013.

（四）染色的方法及特点

墨西哥人的染缸为体积不大的陶罐，农场用体积较大的塑料罐。持续染色的染缸会不断添加蓝靛、石灰水和当地的植物，使其保持良好的染色效果，使用期超过18年。

第三节
蓝染的染色原理与基本方法

一、蓝染的染色原理

蓝染的染色原理由三个部分组成：制靛原理、染色原理和氧化原理（图1-3-1）。

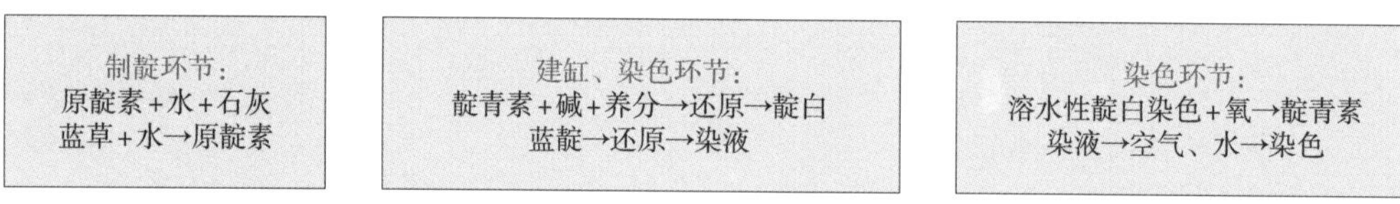

制靛环节： 原靛素＋水＋石灰 蓝草＋水→原靛素	建缸、染色环节： 靛青素＋碱＋养分→还原→靛白 蓝靛→还原→染液	染色环节： 溶水性靛白染色＋氧→靛青素 染液→空气、水→染色

图1-3-1　蓝靛的染色原理

（一）制靛原理

蓝染的制靛方法在历史文献中早有描述，这些方法虽然在浸泡时间、石灰数量上和现代打靛略有不同，但流程和方法基本一致。

1. 制靛过程

采集蓝草加水浸泡→去腐叶→加石灰充分搅拌→去浮水→成靛。

2. 制靛原理

由于蓝草叶子中含有吲哚（indole），在光合作用下生成水溶性的原靛素（indican），蓝草叶子中的原靛素（indican）在浸泡后会释放出青绿色的液体，蓝草浸泡水解是为了吲哚苷溶出，在加入石灰通过搅拌打靛后，与空气中氧气结合形成非溶性靛青素（indigotin），石灰中的钙离子吸附液体中的靛青素，静置沉淀后形成蓝靛（indigo）。

（二）染色原理

1. 染色过程

蓝靛加碱、加营养剂还原发酵建缸→多次浸染→多次氧化、漂洗→晾晒→完成。

2. 染色原理

靛青素不溶于水，无法直接稀释使用，在使用时需要用还原法，将氧化过的靛蓝还原成溶于水的靛白（white indigo），在纤维上染色。在传统蓝靛还原染色的过程中，需要碱质环境和营养剂，经过一段时间的发酵方可染色。

（三）氧化原理

1. 氧化过程

浸染后绞拧→快速拉开面料→空气氧化或水中氧化→晾干。

2. 氧化原理

在染色氧化环节，需要将面料在靛白中浸染后，沥水晾晒氧化，靛白加氧后再次转化为稳定、不溶于水的靛青素，从而使蓝色显现并稳固。

二、蓝靛的制作方法

蓝靛制作的方法也称为制蓝、制靛。蓝靛作为蓝染染料，在世界各地制作方法各有不同，通常有两种方法：生叶沉淀法和干叶堆积法。

生叶沉淀法生成的染料各不同，印度生产的蓝靛是块状，美洲是粉状，中国及东南亚是靛泥；干叶堆积发酵后欧洲菘蓝出品是球状（图1-3-2），日本蓼蓝出品的是碳土状。在四川凉山彝族的蓝染就是用蓼蓝做成球或饼状的"簑"干燥保存（图1-3-3），染色时将其加入热灰水，待发酵后染制羊毛，这种方法和菘蓝的染色相似。

世界各地的制蓝方法见表1-3-1。

图1-3-2　欧洲的菘蓝球

图1-3-3　彝族蓼蓝制成的"簑"（图片来源：米金红提供）

表1-3-1　世界各地的制蓝方法

蓝草形态	制靛方法	名称	形态	适用蓝草	适用地区
生叶制靛	生叶沉淀法	蓝靛蛋糕	小方块状	木蓝	印度
		蓝靛泥	泥状	马蓝、木蓝、蓼蓝	中国、东南亚
		蓝靛粉	粉状	木蓝	美洲
干叶制靛	堆积发酵法	SUKUMO，蒅，阿波蓝	碎、干土状、靛土	蓼蓝	日本德岛
	晾晒发酵法	菘蓝球	干的球状	菘蓝	欧洲
		木蓝球	干的球状	木蓝	非洲

（一）生叶沉淀法制蓝（浸泡法）：以贵州黔东南苗族为例

1. 原理

蓝草叶子中的原靛素在水中浸泡后会释放出青绿色的液体，通过打靛后与空气中氧气结合形成靛青素。靛青素不溶于水，在使用时需要用还原法，将氧化过的靛蓝还原成溶于水的靛白方可染色。

图1-3-4　浸泡蓝草及表面的色素铜膜
（图片来源：自摄）

2. 方法与过程

沉淀法制蓝的过程如下：收割浸泡蓝草→捞出残叶→加石灰水→搅拌→沉淀→去浮水→出靛。

（1）收割：每年的7~10月是贵州马蓝收割打靛的时节，一年通常收割2~3次。需要将收割的蓝草枝叶浸泡在木桶中或打靛池中。

（2）浸泡：浸泡是打靛很重要的一个环节，浸泡蓝草的重量与水容量的比例都是决定蓝靛质量的主要因素。浸泡蓝草的重量与水容量的比例通常为1：15或1：20，浸泡时间根据气温高低在2~4日，当水变为青绿色，液体表面可看到紫黑色金属感铜膜，浸泡的蓝草叶子由绿色转为黄褐色时要及时捞出腐叶（图1-3-4）。

（3）加石灰水、搅拌：石灰水的比例直接按照浸泡叶子2%~3%的比例加入。大力搅拌液体，使其从墨绿色逐渐变为青黛色，使水中的原靛素充分接触空气中的氧气并产生大量的蓝紫色的泡沫方可。

（4）搅拌的方法：沉淀法制蓝从搅拌方式可以

分为手工打靛制蓝、机械化辅助打靛制蓝两种。这两种方式原理一致，使用的工具和打靛的方法不同（表1-3-2）。①手工打靛是目前云贵地区打靛的主要方式，从操作规模可以分为个人打靛和集体打靛。A. 个人手工打靛：通常在门前院落用大塑料桶浸泡蓝草，捞出腐叶后加入石灰乳，用脸盆重复舀起液体、倒下，使液体接触空气充分氧化。重复几十次后，液体和泡沫的颜色由青绿色变为青黑色停止，放置24小时使其沉淀形成蓝靛泥（图1-3-5）。B. 集体手工打靛：也称为"大塘打靛"，即田边打靛池几个人合作打靛的方法，同样也是收割后，在大塘中浸泡蓝草、捞出腐叶，按比例加入石灰水，几个人用专用的木制推板从不同角度抨击液体，使其充分搅拌和冲撞。这一过程液体由浅蓝转为深蓝、深紫色，并形成深紫色的靛花（图1-3-6）。②机械化辅助打靛，是在打靛环节借助机械化工具辅助打靛，借助搅拌的电动工具或从高处加压，向下循环冲击的电动工具，用来加快速度，节省体力（图1-3-7、图1-3-8）。

（5）沉淀、去浮水、出靛：经过一夜或10小时静置后，石灰会吸附水中的蓝靛色素沉入缸底，形成泥膏状的蓝靛。排除液体上面茶黄色浮水，缸底剩余的就是泥浆状的靛泥，过滤后可收集蓝靛。

图1-3-5　手工个人打靛、液体由绿变蓝（图片来源：自摄）

图1-3-6　手工集体打靛、加石灰水，推板不同方向推挤冲撞（图片来源：吴安丽）

图 1-3-7　电动搅拌打靛

图 1-3-8　高压冲水打靛（图片来源：自摄）

表1-3-2　不同地区打靛方式比较

项目	贵州个人打靛	贵州农场"青于蓝"打靛	台湾"自然色"工坊打靛
蓝草			
浸泡			
打靛过程			
染色效果			

3. 蓝靛质量的鉴别

蓝靛的质量好坏基于蓝草的质量、水源的质量、石灰的质量和数量、浸泡的时间、过滤的程序、打靛的时间技术、打靛的环境、气候、温度等要素。蓝靛质量可以通过观色、手触、闻味传统的方式鉴别，也可以用专业设备分析蓝靛素含量鉴别。

（1）观色：蓝靛湿的状态较难观察其品质优劣，可将蓝靛刮在纸上或布上，待干透后观察其颜色。颜色深蓝色者为上品，颜色灰蓝说明加入石灰较多。

（2）手触：用手捻少许蓝靛感受其细腻的程度，手感细腻为佳，有粗糙感或细沙粒感觉说明品质不佳，石灰杂质多。

（3）闻味：新鲜蓝靛有自然清新的蓝靛味道，如搁置太久或收藏不当，有沉闷不洁的味道。

（4）专业设备：利用专业设备可以测蓝靛的靛青素、石灰含量以及蓝靛中的杂质。专业设备的投入不仅提高产量、控制质量，还可以规范操作流程，使蓝靛行业精细化发展。

（二）干叶堆积法制蓝：以日本德岛的菘蓝为例

欧洲菘蓝和日本蓼蓝采用干叶发酵法制蓝，不同的是菘蓝采用菘蓝球的方法，而蓼蓝采用靛土的方式。德岛地区堆积法制蓝从蓝草收割、切碎晒干，堆积、发酵，经过发酵100多天，蓼蓝从鲜叶到碳土状即完成了堆积过程（图1-3-9）。

图1-3-9　阿波蓝由蓼蓝到干叶、靛土的过程（图片来源：自摄）

干叶堆积发酵制蓝的制作方法如下。

（1）3~6月：播种蓼蓝种子，疏苗、浇水、移栽、施肥，植物快速成长。

（2）7~8月：收割2次，植物长到60厘米收割。晾晒后将叶子和枝条分离，叶子被收集、晒干、磨碎、收纳。

（3）9~10月：将干叶子堆积在用碎石、沙土铺成的发酵床上，洒水、搅拌、堆积高度达到1米，覆盖草帘使其闷热、发酵，定期浇水、翻搅、敲打（图1-3-10）。

（4）11月：发酵后蓝草发出氨气的味道，用草帘覆盖保证温度、继续发酵。

（5）12月底：发酵超过100天，氨气的味道消失，蓝草的叶子已经变为深色土块状。

（6）次年1~2月：完成SUKUMO的制作，包装在草袋中方便储存、运输和使用（图1-3-11）。

（a）收集蓼蓝干叶　　　　　　　（b）寝床堆积发酵　　　　　　（c）制成碳土状的SUKUMO

图1-3-10　干叶堆积法制蓝过程

（a）SUKUMO制成的染液为棕褐色　　　　　（b）染色效果　　　　　（c）染色方法

图1-3-11　SUKUMO染色过程

三、蓝染的基本方法

（一）建缸

1. 蓝染缸的种类

建缸，也叫起缸。《天工开物》中就有描述："凡靛入缸，必用稻灰水先和，每日手持竹棍搅动，不可计数。"每个时代和地区都有不同的建缸方法，传统建缸使用天然素材，添加草木灰水和营养剂；现代化学建缸则使用保险粉建缸。

（1）传统建缸：是指沿袭传统、运用一些纯天然物质建缸的方法。传统蓝染建缸是发酵和还原的过程，通常蓝靛泥加水无法直接染色。建缸原理是利用添加的碱性物质和营养剂将染液中原有的靛青素转化为靛白素，利用其还原技术达到染色目的。传统建缸也称"古法建缸"，云贵地区不同山寨建缸的方法、添加的物品都略有不同，但无外乎蓝靛、碱质环境和营养剂。碱质环境通常包含草木灰水、食用碱、石灰水等；营养剂是为了增加还原糖或淀粉类，加入酒可以消毒杀菌，另外也提供糖分，激活染液。比较贺琛、杨文斌老师的《中华锦绣：贵州蜡染》、马芬妹老师的《台湾蓝草木情——植物蓝靛染色技艺手册》、陈景林、马毓秀老师的《大地之华》三本著作中对传统建缸的物料阐述后，其基本比例大致相同，见表1-3-3。传统建缸方法是按照比例，在水中加入蓝靛、碱、营养剂，确保染缸的pH为11～12，气温在25～30℃适宜，搅拌后静置3～5天，促使其发酵。建缸时要每天观测和测试pH值，及时调整添加碱，待染液由蓝转墨绿方可染色（图1-3-12）。

图1-3-12 传统建缸的方法及添加物

表1-3-3 传统建缸的数据比较

专著及作者		水	蓝靛	碱	营养剂
《中华锦绣：贵州蜡染》	贺琛、杨文斌老师	100升	2千克	2.5千克草木灰滤水	酒0.5千克
《台湾蓝草木情——植物蓝靛染色技艺手册》	马芬妹老师	80～100升	5～10千克	5～10千克草木灰滤水	糖1千克，酒1千克
《大地之华》	陈景林、马毓秀老师	80升	6千克	5千克草木灰滤水	糖0.5千克，酒1.2千克

（2）还原法建缸（保险粉建缸）：是指添加化学还原剂和烧碱快速还原建缸的方法。还原剂也称保险粉，在蓝靛缸中在添加保险粉（连二亚硫酸钠）和烧碱（氢氧化钠）后会快速还原，促使靛青素转化为靛白素从而达到染色目的。还原法建缸的方法是用保险粉建缸。将蓝靛泥溶解在水中，先将氢氧化钠按比例置入水中，混合在染液里，再将保险粉溶解倒入染液，测试其pH为11～12，搅拌均匀后等待10～20分钟，待染液变绿即可染色使用。由于保险粉建缸快速还原，在染色中也容易被氧化失去染力，所以要时刻观察染液的状态，及时少量添加保险粉使其保持活力。使用保险粉的蓝染缸使用方便，反应迅速，适合持续和批量染色。添加的保险粉要适量，过多时反倒会起到"拔色"，即越染越浅的效果。氢氧化钠的添加也是如此，要检测pH值适量添加。为了对保险粉建缸有较全面的了解，笔者将上文所提专著中关于化学建缸的物料比例罗列出来，见表1-3-4。传统建缸与化学建缸的区别见表1-3-5。

表1-3-4　化学建缸的成分与数量比较

专著及作者		水	蓝靛	氢氧化钠、烧碱	保险粉	营养剂	碱
《台湾蓝草木情——植物蓝靛染色技艺手册》	马芬妹老师	80~100升,温度40~50℃	5~10千克	30~50克		糖300~500克,酒600克	
		80~90升,温度40~50℃	3~5千克		20~30克		60~70升,温度40~50℃
		80~90升,温度40~50℃	3~5千克	20~30克	20~30克		
《大地之华》	陈景林老师	10升,温度40~50℃	1千克	25克	40克		
《中国植物染技法》	黄荣华老师	10升	1千克	200克	250克		

表1-3-5　传统建缸与化学建缸比较

建缸的类型	靛泥	碱质环境	营养剂、还原剂	水	温度
传统古法缸	靛泥	草木灰水、石灰	麦芽糖、米酒、酒酿	水	25~35℃
化学保险粉缸	靛泥	烧碱（氢氧化钠）	保险粉（连二亚硫酸钠）	水	不限

（3）水果建缸：水果蓝染建缸是使用苹果、香蕉等提供糖分，加碱后快速建缸的方法。它和传统建缸的原理一样，也是使用纯天然材质建缸的方法。建缸时首先将苹果切丁，香蕉去皮切片，加水煮20分钟后液体呈现淡紫色，过滤后去渣待用。在水温为50℃时，用8升水果液体加入50克石灰水搅拌融化。水果液遇到碱后会形成絮状物质，液体会变为黄色，石灰吸附水果后形成的白色絮状物体会迅速沉淀。然后加入适量蓝靛，搅拌后液体变为绿色或蓝绿色，待30分钟后可以染色使用。这个建缸的方法快速安全，染出的颜色更加透亮（图1-3-13）。

图1-3-13　水果缸的制作（图片来源：王浩然老师 "蓝色时代祭"）

1—煮水果　2—稀释石灰水　3、4—加入水果液　5、6—加入蓝靛泥

三种建缸方法的比较可见表1-3-6。

表1-3-6　三种建缸方法比较

染缸的分类	建缸的用料、成分	建缸养缸的难易程度	使用的方便程度	优点	适合染色的面料
传统染缸	蓝靛、灰水、糖、酒、水	建缸慢、养护较难	染布数量有限、需要间隔时间养缸发酵	染色效果佳、味道好、安全环保	棉、毛、丝、麻、黏胶、竹纤维等
水果染缸	蓝靛、石灰、水果、水	建缸快、养护较难	染布数量有限、需要间隔时间养缸发酵	味道好、安全、环保、有趣	棉、毛、丝、麻、黏胶、竹纤维等
保险粉染缸	蓝靛、保险粉、烧碱、水	建缸快、养护容易	快速发酵、间隔时间短	快速、方便实用	棉、麻、黏胶、竹纤维等

2. 蓝染建缸的条件

（1）蓝染缸：①缸的材质。蓝染缸的材质很多，从古老的木桶染缸到陶缸、塑料缸，再到可定制尺寸的大型砖砌水泥染缸、不锈钢染缸等，形态丰富，大小各异。日本有内部是陶缸或不锈钢染缸，外部用水泥砌，保暖，冬季可加热。苗族、侗族通常用圆形的陶缸或木桶缸。②缸的尺寸。尺寸要根据染色物品和工作环境的大小决定。个人用尺度可以小一点，工坊用可以用两、三个缸，一深一浅方便创作和体验。如果是批量成品开发更适合不锈钢染缸，可以根据需要定做合适的尺寸。染面料、染服装、染纱线对缸的尺度、深浅要求都不同。③缸的放置。缸的放置要考虑操作的方便性以及环境温度的恒定性。通常有两种方式：地面放置和地下埋放或半埋放。地面放置通常适合较小的染缸，埋放或半埋放一方面，适合尺度大的缸，便于操作；另一方面，埋在地下是为了利用坑道给染缸加热保暖或达到温度恒定的目的。表1-3-7是染缸式样汇总表，表1-3-8是染缸材质汇总。

表1-3-7　染缸式样汇总

埋入式染缸	西非埋入式陶缸	印度斋普尔传统蓝染缸	日本德岛传统染缸
半埋入式染缸	中国台湾地区半埋入式染缸	日本半埋入式染缸	奥地利半埋入式染缸

续表

外置式染缸	 中国大陆外置式陶缸	 中国台湾地区外置式塑料、不锈钢染缸	 印度外置式水泥染缸
机械设备式染缸	 伸缩式设备染缸	 多层式设备染缸	 升降式设备染缸

表1-3-8 染缸材质汇总

 陶制染缸	 不锈钢染缸	 水泥染缸
 木制染缸	 塑料染缸	 下陶缸+上水泥或金属缸

（2）蓝靛：蓝靛是建缸的基础，其质量的优劣决定了染缸的状态和染色效果。可以通过鉴别蓝靛的色素含量、细腻程度，选用优质的靛泥；同时在建缸时控制靛泥数量，以此决定颜色的浓度。蓝靛泥平常要在密封容器内存放，否则会过分干燥结块。每次添加靛泥时先将其充分融化为液体再加入染缸中。

（3）碱：蓝靛染料色素为非溶性蓝靛素，需要在碱质环境下才能溶解并进行发酵还原。建缸的碱质环境可以是草木灰、石灰或者烧碱（氢氧化钠）。草木灰是用草或杂木、硬木烧制的灰，颜色灰白、质地细腻的木灰较好。在选用时首先要测灰水的pH，大于12较好。灰水在使用时首先用晒网过滤后，将灰置入桶内加入热水、搅拌、静置，上层水澄清后舀出加入染缸中使用。石灰也称消石灰、熟石灰，加水搅拌、待其溶解为石灰水后，加入染缸，同时测量染缸的pH，用加石灰水的方法控制其碱度。烧碱也是同样稀释、融化为液体后加入染缸使用。烧碱遇水会发热，易烫伤皮肤比较危险，拿取时要保持手部或手套干燥。

（4）营养剂：营养剂为传统蓝染缸补充养分，含淀粉和还原糖类物品，中国台湾地区建缸用麦芽糖，贵州建缸多用米酒，江浙一带用酒酿，日本会用到麦麸，此外还有用葡萄糖等为染缸增加养分，保持活力。

3. 染缸的类型

每个地区都有不同的建缸方法，为了染色的方便，传统缸细分为母缸、染色缸、浅色缸。

（1）母缸：母缸建缸时蓝靛投放的比重较大，染液非常浓稠，并且要在碱水还原的状态下保证其良好的还原状态。在日常养缸的过程中，将母缸中还原好的染液加入染色缸比较好。

（2）染色缸：蓝靛浓度较高、染液较为浓稠，便于染深色，是日常染色主要使用的染缸。

（3）浅色缸：用水加碱或草木灰水后，确保pH为9~11，再加入母缸的染液稀释。浅缸适合染浅色和渐变色，可以增加染色次数，却不会增加染色深度，确保固色的效果。

4. 传统蓝染缸的养护

日常传统养缸应首先观察染液的颜色，通常墨绿色、油绿色较好。

（1）养缸：日常使用后添加蓝靛补充养分，添加一些酒可以抑制杂菌的生长。

（2）搅缸：碱会使蓝靛、营养剂、麦芽糖等下沉。日常定期搅缸，使染液上下层碱度保持一致，不用时盖上盖子防止氧化，缸放置在通风阴凉处，避光。

（3）保温：染缸在气温20~30℃工作较为理想，冬季需要一定的温度作为保障，可以采用埋入地下、外加棉被、电热毯等方法保暖。

（4）碱质环境：通过观察染液的色泽、泡沫的颜色以及测试pH随时调整缸的状态，及时补充石灰水或碱。

（5）营养剂：观察染缸上浮的游离状的"紫色铜膜"状态，来决定是否缺养分、需要添加麦芽糖等营养剂。

（6）蓝靛：搅缸后观察染缸泡沫的颜色，蓝紫色较为理想，如泡沫为灰蓝色、浅蓝色说明蓝靛不足，需要适量添加蓝靛。

为了随时保证染缸的状态，要观察染缸的碱质环境、营养剂、蓝靛，随时补充添加。学会观察才能使染缸染力更佳、达到持续使用的目的。

（二）蓝染的流程与基本方法

1. 染色前处理

为保证染色均匀，需对织物进行染前处理，织物在纺织过程中会有过浆及在织造过程中造成的污渍等，染前处理可以对染料渗透、显色、匀染、色牢度等提供基本的保障。

（1）退浆：目的是除去浆料，可用碱液、氧化剂或淀粉酶等加水沸煮布料退浆。

（2）精炼：目的是除去纤维上的天然杂质及残留浆料，可用烧碱加水沸煮。

（3）漂白：目的是除去色素及残留杂质，常用次氯酸钠或氧化氢加水沸煮。

为了使棉麻有更好的染色吸附效果，还会用生豆浆过浆处理，利用豆浆的植物蛋白改善棉麻面料原有的植物特性，使染液更易附着显色。

面料的染前处理要根据面料材质的状态，不能一概而论。通常丝、毛面料只要充分浸泡绞干、不滴水即可入缸染色；而棉麻面料要做精炼退浆处理后再染色。

2. 染色的基本要点和方法

（1）净色染色：①染色要点。染色前先用清水浸泡面料，型染和蜡染面料的浸泡要使用平整的大盘子平放浸泡，或用支撑工具将面料支撑平展，然后用喷壶在背面喷湿，不能绞拧揉搓。蓝染一般在干了以后颜色会浅，湿与干的色彩深度减弱30%～40%，所以染色时要根据经验染得更深一点。②染色方法。保持面料平顺垂直地沉入缸中，在缸底部要放置隔离网等物品，避免面料完全浸入缸中触碰缸底部的沉泥。最佳的染色位置在染缸染液的水面下10厘米。靠近水面的染液会受空气氧化的影响，染色过程中在染液下翻动、拨开面料，使面料充分接触到染液，要完全浸泡在染液中操作，浮出水面的部分会氧化，易造成染色不均的色斑。净色染色小块相对容易，大块面料可以借助升降架或其他机器设备辅助染色，单层悬挂、垂直入缸、充分氧化、多次染色，方能达到预期的效果。蓝染通过多次复染和多次氧化，会逐渐加深颜色，也会使染料更牢固地吸附在纤维上，达到染色牢固的目的。

（2）渐变染色：①染色要点。渐变染色在入缸前可以用水溶笔在染色部位做出标示，方便标注渐变染色的准确位置，同样染色前用水打湿，特别是渐变的浅色部分，可以用喷壶打湿，面料上的水可以使渐变染色效果自然晕开。②染色方法。渐变染色时，用浅缸先染渐变部分，浅色为了固色也要染5～6次以上，而不是染1～2次；染色时上下轻轻提起面料、静止不动会染出明显的痕迹；在氧化时用喷壶的水雾冲洗渐变的部分，使其柔和渐变；渐变的浅色部分完成后，再染渐变的深色部分，注意染色的时间和喷水浇淋渐变的痕迹。

3. 氧化的要点和方法

（1）快速均匀：氧化决定染色的均匀度和固色效果，充分、正确的氧化是蓝染质量的保证。氧化最重要的是在面料离开染缸后，在几秒内迅速拉开面料或服装，使其在空气中均匀氧化。

（2）空气氧化和水中氧化：蓝染除了空气氧化外还可以在水中氧化。水氧可以漂洗多余的浮色、也可以借助水中的氧气和水的流动使细小部位得到氧化。

（3）氧化的时间：氧化的时间长对固色有益，两次染色之间的氧化最好晾干，再次染色时，用水打湿再染。氧化和晾晒在晴天的屋檐、走廊下较为理想，切勿暴晒。

（4）氧化的方法：小件物品可以在滤网上操作，方便翻动，上下透气充分氧化；面料类要单层悬挂在绳子上氧化，夹子夹的面积要尽可能小，否则会留有痕迹；服装成品类的氧化要迅速拉平褶皱和重叠的部位，特别是前后片、袖子、口袋等重叠部位，让里层也充分氧化。

4. 染色后的面料处理

（1）过醋：过醋可以达到酸碱中和作用，蓝染过程中由于染缸养护和染液还原造成碱度较高，染制的面料会缺乏光泽，颜色不透亮。染色过程全部完成后，用稀释后pH值为4的醋酸浸泡5~10分钟，再清洗晾干。过醋会平衡面料多余的碱，减轻蓝染茶黄色的现象。

（2）皂洗：将蓝染后的衣物加入适量皂粉进行漂洗，以去除表面浮色，使织物得到清透的蓝色和柔软的手感，漂洗干净后晾晒收藏待用。

5. 成品后整理与养护

靛蓝染色因其染料的特性，在持续日晒下会有褪色现象，日常养护可采取如下方法。

（1）保存：避光保存三个月以上，使染料更稳定再使用，日常避免暴晒和灯光照射。

（2）使用：禁止折叠后长时间在自然光下存放，因长时间在紫外线的作用下会形成折痕。靛蓝染料有耐摩擦性弱的特点，日用品设计、使用时，需要考虑避免的因素。

（3）洗洁：不要使用强酸、强碱性的洗洁剂及接触具有漂白剂的试剂，使用中性洗剂浸泡冲洗。蓝染物品在首次洗涤时会有少许茶黄色水溢出，属正常现象；如洗涤时有少量蓝色溢出说明染色的技术不规范或面料浮色未清洗干净。

思考题

1. 中国蓝染的特点及其与其他国家蓝染的异同？
2. 在可持续设计的背景下，植物蓝染的意义何在？
3. 植物蓝染如何更好地融入现代生活？

第二章

扎染

鱼易得，而渔难寻。关于扎染的技术方法，通过书籍已经可以轻松获取，学习者虽然可以学习到诸多方法，却不得其中方法与方法之间的推演逻辑和原理机制，落入范式化学习、同质化应用的窘境。该原因就是撰写本章的缘起。

艾默生说："方法，可能有成千上万种，或许还有更多；而原理则不同，把握原理，你将找到自己的方法。追求方法而忽视原理，你终将陷入困境。"此章节是笔者自己学习与实验、实践心得的归纳总结；先从对系统和原理的了解出发，再进入基本方法的学习，同时启发你在运用原理和推演方法的学习方式与过程，领会推演思维方式，掌握方法论，触发学习者的思维潜质。

作为课程设定使用时，授课老师需通读全文，根据实际需求自行进行课时规划；在初学者掌握基本方法时，授课老师需借用原理在初学者实验的过程中，触发实验性尝试的可能，而不是简单的范式灌输，以达到启发思维的拓展能力和实现独立实验的探索能力。

第一节
扎染发展简述

绞缬，现今称为扎染，是一门具有深厚历史文化的传统手工防染染色的工艺技术，在全球范围追溯起源，一直众说纷纭没有统一的定论。但通过中国的出土文物，绞缬历史最早可以追溯到公元前770年至公元前206年战国时期（图2-1-3）。

中国对世界扎染发展的贡献目前可以考证的史料如下。美国已故哥伦比亚大学中文系主任杜马斯·法兰西斯·卡特在他的著作《中国印刷术的发展与西传》一书中写道："现存的中国早期蜡染、扎染实物，比埃及、日本、秘鲁、爪哇所发现的实物早，特别是敦煌石窟和吐鲁番出土的实物足以证明这一点。"[1]日本史书《日本书纪》中记载："日本扎染最早是在天智天皇六年。从很多资料和时间上分析，日本扎染始于中国唐代或者更早的时间由中国传入的。"关于这一点，从日本正仓院收藏的中国汉唐时期的扎染实物中可以得到充分证实。日本的扎染技术来源于中国，不仅在日本历史文献和实物中有明确记载和验证，也在日本现代编著的有关扎染书籍中得到了公认。[1]

从历史考古文物来看，目前我国考证的绞缬早期年代如下。1967年吐鲁番阿斯塔纳北85号墓群中，出土了红色绞缬绢，这一西凉建元二十年（384年）的扎染实物，[1]现藏于新疆维吾尔自治区博物馆（图2-1-1）。新疆塔里木盆地的阿斯达纳117号古墓中，出土的永淳二年（683年）的扎染实物，可以清楚地看出扎染折叠缝抽的制作方法与痕迹，[1]如图2-1-2所示。

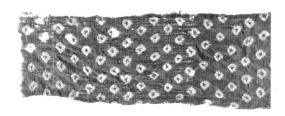

图2-1-1　红色绞缬绢（图片来源：知乎网）

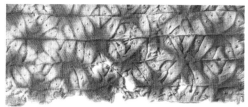

图2-1-2　棕色绞缬菱花绢（图片来源：搜狗图片）

通过对上述扎染起源的史料以及考古文物实证的论述，可以推断中国是世界上较早的扎染起源地之一。

从早期的基本技术和纹饰构建可以看到，世界各地工艺起始点有着相似性，从内容与表现

---

[1] 梁慧娥，顾鸣，刘素琼，等. 艺术染整工艺设计与应用[M]. 北京：中国纺织出版社，2009.

上均受地域、文化、习俗、审美等因素影响，并构建出缤纷各异的扎染形式。世界各地域的扎染技艺共同构建了丰富的人类非物质文化遗产，亚洲、非洲、欧美是具有代表性的三大典型地区。

一、关于扎染的起源传说

"……邻家开了染缸，我拿匹布去蹭色，恰有乡邻同染，躬身如仪，互道祥和。礼毕又恐几家布匹混淆，便取索线一根系结于自家布头，以示标记。不料想染色结束，拆去扎缚索线，染好的蓝地上清凌凌绽现一朵白花印记……也许，这就是扎染的诞生故事，纯属偶然。发明者可能是张三李四王五，不曾登记专利。而技艺，却随着靛蓝、随染缸、随一代一代的日子，延续下来……" ❶

这是一个关于扎染起源之一的传说，或许只是一段无足轻重的故事编撰，殊不知它已能向我们阐释关于人类创造性思维逻辑的信息，不亚于"创世纪"一般的开端，并演绎成一门经典的传统技艺。

从这则传说之中不难看出，古人在惯常的事务中把再日常不过的偶发事件或瑕疵事故，构建成为一门"从无到有"的工艺技术，并为日后的推演发展奠定了基本的思维方式。这个作为"扎染"起源的揪扎记号，所蕴含的基本构建原理，一直都被后人视作推演的依据，并随着认知能力的不断提升，影响着整个扎染技术的发展，呈现出丰富的艺术表现力，发展至今依然影响着今天的扎染技艺。作为以物性为基础的扎染原理俨然在那个时期、那个记号中就已被朦胧地确立下来，潜移默化地影响着扎染在每一个时代的演进。

人类在漫长的获取生存能力的过程中，逐渐演化出强大的学习能力，具有了改造生存条件的实践能力，而人类真正的启蒙老师正是自然万物。在漫长的演化历程中，随着经验、数据积累、认知能力的不断提升，人类逐渐拥有通过现象探索本质的能力，至此进入技术方法论的时代：以物性为依托的原理运用，驱动演绎着整个人类技术文明的发展进程。扎染正是基于这个技术方法论得以产生及发展，同时也充分证明了人类的创造力是对自然物性的效法行为。

我们姑且把这则传说比喻为"一粒种子"，来贯穿整章的学习内容，见证"生长"，承接学习成长的生命力吧！

二、亚洲扎染技艺发展概况

（一）中国

1. 扎染（绞缬）发展状况

我国历史上遗存下来的绞缬织物，分为考古出土与收藏传世两类。因织物的保存受温

---

❶ 吕唯平. 吕唯平扎染艺术[M]. 武汉：武汉大学出版社，2016.

度、湿度的影响较为明显，完好的传统绞缬织物极为少见，现存物均以衣物残片为主。目前，这类文物的遗存与收藏主要分布在三大区域：第一是以新疆吐鲁番、甘肃敦煌为主要区域的中国境内，主要收藏单位为新疆维吾尔自治区博物馆、新疆文物考古研究所、甘肃博物馆等；第二是日本，其绞缬织物主要以收藏传世为主，收藏单位为正仓院、法隆寺、龙谷大学图书馆等；第三是英国、法国、印度等国家，主要机构有大英博物馆、维多利亚阿伯特博物馆、印度新德里博物馆，他们收藏了一部分从新疆或敦煌出土的绞缬文物。❶扎染工艺样本数量实属匮乏，难以展现其漫长的演化历程，因此还需要借助史料记载进行推导式研究。

绞缬工艺由扎制和染色两种主要技术方法构成。统计得出，传统遗存绞缬物在染色工艺上主要为单色染和套色染工艺，其所占比例分别为39%与61%；在扎制方法上主要有捆缚工艺法、针缝工艺法、夹扎工艺法，它们分别占总体的75%、14%、11%，是传统遗存绞缬织物工艺特点。❷进一步对不同历史时期的扎花方法统计分析可看出，唐代是扎染工艺得到充分多样化发展的典型时期，早期的圆形捆扎工艺在此时期得到了迅速发展，并发展出了新的缝扎、夹扎工艺，这是遗存绞缬织物工艺特点给出的暂时性结论。

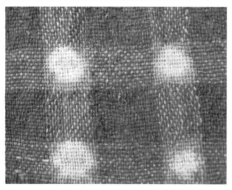

图2-1-3 绞缬毛织格子平纹布（春秋战国时期）（图片来源：壹读网）

目前所知空心小菱形（揪扎防染形成点状，这种方法是不可能形成真正的圆点，揪扎的圆点极小时，很容易误认为是圆点状）图案最早出现在新疆且末县扎滚鲁克古墓群出土的一件方格菱纹残毛布单上，墓葬属且末国文化时期，即春秋至西汉年间（图2-1-3）。实物保存于新疆托格拉克勒克庄园的历史文物陈列馆。

宋代高承的《事物纪原》卷十引《二仪实录》上说："秦汉间有染缬法，不知何人所造，陈梁间贵贱通服之。"❸《二仪实录》记录了中国染缬自公元200年即有的历史，亦可推断出隋代的扎染产品在宫廷很受欢迎。既然最早在秦朝时扎染工艺已经在服装上广为使用，也可以断定扎染起源于秦朝更早的时期；依据遗存文物样本，可以推测这个时期纹饰以菱形点为元素构成面料

❶ 刘素琼，高卫东，梁慧娥. 以我国遗存绞缬物为对象的传统扎染技术研究[J]. 纺织学报，2014，35（10）：101.
❷ 刘素琼，高卫东，梁慧娥. 以我国遗存绞缬物为对象的传统扎染技术研究[J]. 纺织学报，2014，35（10）：103.
❸ 沈从文. 谈染缬——蓝底白印花布的历史发展[J]. 文物参考资料，1958（9）：13-15.

图案。菱形点是扎染最原始、最基本的形态。

《魏书》上有"绫、绮、缬"的记载，说明了染织品种的多样。魏、晋、南朝时期的扎染不仅工艺精湛，所构建的图案也丰富起来。除了鹿胎缬外，还有玛瑙缬、鱼子缬、龙子缬以及模仿自然界动植物而染制的蜡梅、海棠、蝴蝶等花纹。❶

东晋田园诗人陶潜（陶渊明）在其所著的《搜神后记》中描述道："淮南陈氏于田种豆，忽见二美女着紫缬襦，青裙，天雨而衣不湿。其壁先挂一铜镜，镜中视之，乃二鹿也。"❷书中所记载的内容时间约为北魏，所描述神似鹿斑纹饰可推断为传统扎染工艺"鹿胎缬"。甘肃毕家滩26号墓曾出土过一件紫色绞缬上衣（前凉，301~386年），对照随葬衣物疏，记载为"紫缬襦"，由中国丝绸博物馆原件复原（图2-1-4）。

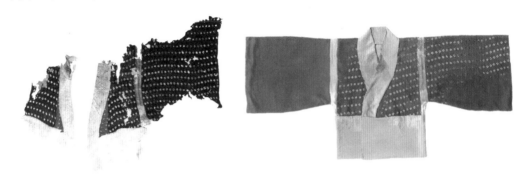

（a）出土文物残片　　　　　　（b）中国国家丝绸博物馆对其进行了实物复原

图2-1-4　紫缬襦（前凉，301~386年）（图片来源：腾讯网）

现将部分出土的六朝时期扎染实物的时间、地点以及名称、花纹特征等（依据部分考古发掘报告）分列如下："1959年吐鲁番阿斯塔那北区305号墓，出土了'方胜纹大红色绞缬'。1963年吐鲁番阿斯塔那西凉建初十四年（408年）墓，出土了'绞缬绢'（西凉）。1967年吐鲁番阿斯塔那北区85号墓，出土了'红色绞缬绢'，长17.8厘米，宽5.5厘米，图案为不规则菱形白花纹，花心有圆点，交错排列。1967年吐鲁番阿斯塔那北区85号墓，出土了"绛紫色绞缬绢"，长11.5厘米，宽3.5厘米，图案为不规则菱形的白花纹，花心有圆点，纵横平列。"❸

北朝时期的扎染实物，主要发现于于田地区，于田在三国以后属于阗（今和田）管辖。1959年在于田屋于来克古城遗址，出土了"红色绞缬绢"，其花纹与阿斯塔那西凉红色绞缬绢极为相似。相同时期出土的另一件绞缬绢衣的工艺已经相当精湛，足以证明魏晋南北朝时期的扎染工艺技术已经发展得相当成熟，如图2-1-5所示为绞缬绢衣原件修复（北朝，386~581年），于1959年新疆于田县屋于来克故城遗址出土。

---

❶ 杨建军. 扎染艺术设计教程[M]. 北京：清华大学出版社，2010：13.

❷ 沈从文. 谈染缬——蓝底白印花布的历史发展[J]. 文物参考资料，1958（9）：13-15.

❸ 杨建军. 扎染艺术设计教程[M]. 北京：清华大学出版社，2010：14.

1915年1月，斯坦因（Marc Aurel Stein，1862—1943）[1]在新疆吐鲁番阿斯塔那村北部，发掘了一处古墓。这批墓葬的年代基本为4世纪末~8世纪初，虽然墓葬大都曾经被盗扰，但仍然发现大批服饰碎片、绢画残片和其他随葬品[2]。其中出土了一些雕刻较粗糙的木俑，性别有男有女，面部和衣饰都经彩绘。其中一对侍女木俑（编号为Ast.vi.4.03、Ast.vi.4.04）保存完好，图案清晰。Ast.vi.4.03号木俑高约22.5厘米，现藏于大英博物馆；Ast.vi.4.04号木俑高约26.4厘米，现藏于印度新德里国立博物馆。这两件女俑服装上都布满了绘制的扎染散点状白色图案，此种纹饰多见于染缬丝织物上，类似实物在新疆地区汉晋时期的墓葬中常有发现。[2]如图2-1-6所示为357~361年期间的一对彩绘木俑。

图2-1-5　绞缬绢衣原件修复（北朝，386~581年）（图片来源：壹读网）

编号为：Ast.vi.4.03　　　编号为：Ast.vi.4.04　　　两件女俑服饰的纹饰图案复原图

图2-1-6　东晋穆帝的年号：升平（357~361年）的一对彩绘木俑（图片来源：壹读网）

---

❶ 马尔克·奥莱尔·斯坦因是国际敦煌学开山鼻祖之一，是今天英国与印度所藏敦煌与中亚文物的主要搜集者，也是最早的研究者与公布者之一。1907年、1914年斯坦因两次掠走中国莫高窟中遗书、文物一万多件。
❷ 王乐，朱桐莹. 阿斯塔那Ast.vi.4号墓出土的两件木俑——十六国时期服饰研究[J]. 考古与文物，2019（2）：89-94.

隋刘存《二仪实录》写道："隋文帝宫中者，多与流俗不同。次有绞缬小花，以为衫子，炀帝诏内外宫亲侍者许服之。"❶这说明隋宫中非常重视扎染等染缬艺术。扎染在隋、唐时期也是民间普遍使用的印染方法，《唐书》记载民间妇女流行"青碧缬"服饰。当时四川丝织品中的"蜀绞"地位也很高，白居易"成都新夹缬"的诗句即是对蜀缬的赞颂。

唐代扎染品的出土地点，主要集中在通往西域的"丝绸之路"的重镇——新疆吐鲁番和甘肃敦煌。20世纪初，大批外国探险家进入我国新疆、甘肃等西北地区，进行非法考古发掘，其中，被英国籍匈牙利人斯坦因盗走的大批文物中，就包括非常精美的唐代扎染艺术品，现藏于印度新德里国立博物馆、英国大英博物馆、日本龙谷大学图书馆等处。❷1959年阿斯塔那北区第304号墓出土"绞缬菱格绢"，四幅连在一起，绢地为平纹组织，染前折成三层，缝扎后染色，菱格纹较大，菱格上皱褶的线纹多而密。❶1969年阿斯塔那北区117号墓出土"棕色地菱格绢"，长16厘米，宽5厘米，平纹绢地，染前折成六层，缝扎后染色，出土时缝线未拆除，显示出当初的折叠缝扎方法，花纹呈菱格状，菱格线上针脚清晰可见，围绕针脚形成长圆形白色斑纹，有晕缬效果。❶藏于敦煌研究院的多色花鸟纹缬染幡，于1965年在敦煌莫高窟120窟主室南壁岩孔内发现，颜色艳丽，纹样精美，是唐代时期制作的绞缬。幡身主要分为六段，除第三段为蜡缬绢，其余各段均为绞缬绢，以绿地或紫地为底，之上有典型的方胜纹样，防白方点中显现出晕染的效果，每个单位方点的排列也是绞缬典型的平列交叉布局。❸1972年阿斯塔那出土"蓝地绞缬朵花罗"（唐），长63厘米，宽15厘米，先将菱纹罗绞扎四瓣花形，染棕黄色，干后再密扎原绞扎口，套染蓝色而成。如图2-1-7所示，这件作品现藏于新疆维吾尔自治区博物馆。

日本和尚圆仁入唐求法巡礼过程中用汉文写成的一部日记体著作《入唐求法巡礼行记》中记载，开成四年（839年）五月二日"……日没之时，于舶上祭天神地瘴，亦官私绢，绞缬、镜等奉上"❹宋代高承的《事物纪原》中有较为详细的记录，"唐代宝应二年（763年），吴皇后将合纤肃宗陵，启旧堂衣服，缯彩如撮染，成花鸟之状。"❺唐代诗人李贺《恼公》中写道"醉缬抛红网，单罗挂绿蒙"。诗中提到的醉缬就是扎染"醉眼缬"纹，呈现形似酒醉后眼睛周围红晕的样子，形象地表达了其审美意趣。扎染发展到唐

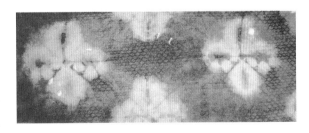

图2-1-7　蓝地绞缬朵花罗（唐）（图片来源：搜狗图片）

❶ 杨建军.扎染艺术设计教程[M].北京：清华大学出版社，2010：14.
❷ 杨建军.扎染艺术设计教程[M].北京：清华大学出版社，2010：15.
❸ 张道一.中国印染史略[M].南京：江苏美术出版社，1987：31.
❹ 李鼎霞，许德楠.入唐求法巡礼行记校注[M].石家庄：花山文艺出版社，2007：155.
❺ 张道一.中国印染史略[M].南京：江苏美术出版社，1987：25.

朝时，染缬名目也更加繁多，制作也愈加工整精美，有鱼子缬、槟榔缬、玛瑙缬和鹿胎缬等，但还限于在菱形纹的基本工艺形态基础上的拓展。具有审美趣味的纹饰形式多元多变，色彩表现丰富；花鸟撮染工艺的出现，意味着扎染工艺已经发展到应用自如构建画面的高度。

由于新疆干燥少雨，有利于地下有机物的保藏，才能使我们窥见那些隐匿于历史中的精湛技艺，特别是在天山以南古丝绸之路沿线的古代墓葬中，能够发现我国遗存于世的最早扎染古样本文物，这些墓葬群中也发掘出土大量色泽鲜艳、保存良好的纺织品，其中染缬就存留于其中，对于研究我国汉唐丝绸技术的特点与艺术风貌具有十分重要的价值。其中以汉唐时期的丝绸最为丰富，体现了这个时期发达的纺织、印、染业状况。

北宋时期宋祁、欧阳修、范镇、吕夏卿等合撰的一部记载唐朝历史的纪传体断代史书《新唐书·车服志》中记载："妇人衣青碧缬、平头小花草履、彩帛缦成履。"[1]北宋政治家、文学家欧阳修《洛阳牡丹记》中有"鹿胎花者，多叶紫花，有白点，如鹿胎之纹。故苏相禹圭宅有之"，可知鹿胎为紫地白花。牡丹记又称："鹿胎红者，……色微红带黄，上有白点如鹿胎，极化工之妙。欧阳公花品有鹿胎花者，乃紫花，与此颇异"，可知也有杠地白斑的。[2]《宋史·食肯志》中有："韶川陕撮造院，自今非供罩用布帛，其锦、椅、鹿胎、透背、六舞、欲正、龟壳等缎匹、不须买撮。"[3]《宋史·舆服志》北宋天圣二年（1024年），皇帝颁布诏书"在京土庶不得衣黑褐色地白花服及蓝黄紫地撮晕花样。妇女不得将白色褐色毛段并淡色匹帛制造衣服，令开封府限十日断绝"[3]又仁宋天圣时，"韶减罢锦、漪、鹿胎、透背……景砧物……其后岁辄增益梓路杀瑕帛、鹿胎，庆历四年减鹿胎。"[4]宋仁宗这个时期的禁令，直到南宋时才被解除，对扎染的发展有着不可低估的阻碍，再到南宋灭亡外族入侵经受着双重打击，可以说扎染从此退出主流社会，进入技术停滞状态。

唐、宋时期扎染发展达到前所未有的昌盛时期，流传地域空前广泛。北京故宫博物院刻本《碎金》记载，元、明时期有"檀缬""蜀缬""撮缬""锦缬""蚕儿缬""浆水缬""三套缬""哲缬""鹿胎斑"九种染缬方法。这些方法通过多角度分析不可能统指扎染，"撮缬""蚕儿缬""哲（同'折'）缬""鹿胎斑"只有这四种属于扎染工艺，[4]"撮缬""哲缬"是以工艺方法来命名，"蚕儿缬""鹿胎斑"则是以纹饰象形来命名的。"檀缬"有可能是以檀木为染材的命名；"蜀缬"是以著名的印染生产地命名；"锦缬"暂无法断定其工艺性质，有可能已经包含运用扎染工艺的绛染于其中；"浆水缬"是型染在特定历史阶段对工艺方法的称谓；"三套缬"从字面分析可能是套色的型染，或指凸版三次套色的印花技

❶ 沈从文.谈染缬——蓝底白印花布的历史发展[J].文物参考资料，1958（9）：13-15.
❷ 金少萍，王璐.中国古代的绞缬及其文化内涵.烟台大学学报（哲学社会科学版），2014，27（3）：100-120.
❸《宋史》卷一百五十三《舆服五》[M].北京：中华书局，1997：3575.
❹ 杨建军.扎染艺术设计教程[M].北京：清华大学出版社，2010：18.

术，也应该包含套色染的绞缬。

清代印染业因纺织业的繁荣而兴盛，染料多达数百种，地域特征更加分明。与此时期最为发达的蓝印花布和西南地区的蜡染相比，大范围内扎染工艺已不占重要地位；与此相反，在云南、四川等相对封闭落后地区，扎染工艺作为重要的地方特色工艺得以存在但并无突破性发展，只是满足日常的基本需求。

改革开放后，作为生产加工型服务，日本和欧美成熟的扎染工艺得以回流中国，重新焕发了扎染的生机，至今，在云南的大理，湖南的凤凰，江苏的海安，四川的自贡、峨眉等地都有大量制作。

2. 中国扎染工艺生产的主要区域

（1）云南的扎染艺术：云南大理是我国扎染艺术最集中、生产规模最大、商品产量最多的地区之一，主要分布在周城、喜洲、巍山、剑川、鹤庆、洱源等地。代代相传，久而久之，形成了云南大理白族独具特色、远近闻名的扎染艺术。[1]近些年来，大理扎染逐步形成了产销一体的产业结构链，为当地的旅游业锦上添花，也给当地百姓带来了财富。历史悠久、民风淳朴的白族聚居村落——周城，是大理地区重要的扎染产地，有"扎染之乡"的美誉。现在在大理，仍有隐藏在闹市中保持着世代相传的扎染工艺的染坊（图2-1-8）。云南省的巍山县是扎染繁盛发达的地方。7世纪初叶，彝族先民六诏王始祖细奴罗在巍山建立蒙舍王国，成为古南诏国的发祥地，留下了大量的文化遗产和民族工艺；扎染就是其中独具特色的一项，具有古朴、典雅、自然、大方的艺术特点。[2]彝族用植物染料染制的扎染品，除了常见的蓝染外，还有多色彩扎染。云南地区多以缝扎法为主，当地称为"扎花"。缝扎法可以自由地进行表现各种自然形态，云南大理州白族扎染国家级代表性传承人张仕绅作品（图2-1-9）。

图2-1-8 大理白族传统染坊的现状（图片来源：看看新闻网）

---

❶ 杨建军.扎染艺术设计教程[M].北京：清华大学出版社，2010：20.

❷ 杨建军.扎染艺术设计教程[M].北京：清华大学出版社，2010：21.

图2-1-9　张仕绅历时两年完成的作品（图片来源：搜狗图片）

（2）四川的扎染艺术：史称为蜀缬的四川扎染艺术，历史悠久，影响力非凡。这也是唯一以印染地域来命名的染缬，可见其发达程度和重要地位，这是由蜀地发达的贸易地位、卓越的纺织印染技术、丰富的染料植物和所处南方交通枢纽的地理位置等因素决定的。四川省出产的扎染，缝绞为非常重要的工艺技术特点，图案纹饰表现多样，其中花鸟鱼虫或狮子等，是非常普遍的题材（图2-1-10），预示吉祥如意的生活愿景。四川的民间扎染艺术，主要盛行于自贡、荣县等地区。扎染艺术在当地民间称为"捏蛾蛾花"，又称扎花，因当地把蝴蝶称为蛾蛾，所以"蛾蛾花"也就是蝴蝶花纹（图2-1-11）。自贡扎染艺术的花纹以缝绞的线条表现居多，适当配以块面，并将不同的花纹用多种缝绞方法表现。自贡扎染代表人物是张宇仲先生（图2-1-12）。

图2-1-10　非遗传承人张晓平传统扎染风格作品（图片来源：张湜拍摄）

图2-1-11　非遗传承人张晓平传统扎染蝴蝶图案作品（图片来源：张湜拍摄）

图2-1-12　张宇仲先生遗作（图片来源：张湜拍摄）

（3）湖南的扎染艺术：湖南的扎染工艺主要保留在依山傍水的湘西地域，有着淳朴、厚重的韵味。散点式组合是湘西扎染纹样构成的主要表现形式，常见的布局形式就是不对称的平衡式纹样。在扎染作品中，用喜字和蝴蝶纹组合表示对新人们的祝福；用双鱼纹和莲花纹组合表达人们对爱情和生活吉祥美满的期盼。苗族自古以来有着对蝴蝶图腾崇拜的传统现在的湘西扎染艺术仍然受到人们的喜爱。当代著名的民间扎染艺人有湘西凤凰的刘大炮、张桂英、吴花花等。❶如图2-1-13、图2-1-14所示为刘大炮、张桂英的作品。

---

❶ 杨建军.扎染艺术设计教程[M].北京：清华大学出版社，2010：28.

图2-1-13　湘西凤凰刘大炮作品（图片来源：张湜拍摄）

图2-1-14　湘西凤凰张桂英作品（图片来源：搜狗图片）

图2-1-15　焦宝林的作品（图片来源：张湜拍摄）

（4）江苏南通的扎染艺术：在江苏南通生产加工着风格更国际化的扎染日用品与艺术品。外贸出口生产为其带来了繁荣发展，"南通扎染技艺"作为非物质文化遗产保护项目，代表性传承人、国家级工艺美术大师焦宝林先生，多年来从事扎染技艺。他不断探索，根据大量历史资料和学习日本、欧美当代的扎染技术，同时挖掘、研究中国历史中精湛的绞缬工艺，为中国扎染技艺的继续发展做出了不可低估的贡献。焦宝林先生的扎染作品（图2-1-15、图2-1-16）有着中国传统审美意识及精神形态。

（5）西藏的扎染艺术：西藏的扎染制作主要以厚实的毛毡和斜纹织物为染色材料。典型的扎染纹饰以十字花圆形底为图案单位，十字花形纹样大到3厘米甚至10厘米，风格古朴。制作方法是将织物揪或捏起，大致形成四条折叠皱纹，通过多彩的染色后会自然形成清晰的十字纹（图2-1-17），并通过简单的组合设计，形成独具特色的扎染艺术风格。在山西省灵石县资寿寺三大士殿的罗汉像（明代）坐垫上，绘有毛毡类的扎染座毯，有着清晰的藏式扎染十字花形图案（图2-2-18），可以证明在明代以前，西藏的十字花形扎染以及毛编织技艺已经非常成熟。

图2-1-16 焦宝林的作品（图片来源：张湜拍摄）

图2-1-17 藏族十字花氆氇藏袍（图片来源：脸书与长江文明馆网）

（6）新疆的扎染艺术：以上各地区的扎染工艺，在制作工艺上均属于"先织后染"的方式，是在织好的白色或浅色的棉、麻、丝、毛等纤维面料上，进行扎结染色。新疆的扎染工艺称为绗染，也称"艾德莱斯绸"，属于"织前扎染"或"扎经、纬染线"的染色与染织造的复合工艺，它是先在经纱上进行扎结、染色，再进行织造，实现丰富的色彩表现与纹饰（图2-1-19）。"艾德莱斯"是维吾尔语的译音，意为"飘逸、抽象"，又称"舒库拉绸"和"阗绸"，古时曾称为胡锦、西锦。它是我国新疆维吾尔族最具特色的丝织品，所以以"艾德莱斯绸"在中国也成了绗染的代名词，是新疆地区传统的丝织品，需经过抽、拼、捻、扎、染、接、经、光、捶

图2-1-18 山西省灵石县资寿寺三大士殿的罗汉像（图片来源：搜狗图片）

等四十余道工序才能完成，极富民族特色和风情。❶ 所谓扎经染色工艺，就是将经线或纬线
牵成后，根据预想花色先在经面上绘出图案，然后用玉米皮或棉线扎结图案部分进行分段、
错位捆缚防染处理，再施以染色。这样，经线的一部分就防染形成一些抽象纹样，再穿经
挂机织成织物。"艾德莱斯绸"有平纹及斜纹两种，有经纬都用丝的，也有经丝纬棉的，常
用于衣料和被褥料。❶ "艾德莱斯绸"的图案多被认为是水纹、树枝纹、木梳纹、木板纹、
巴旦木花纹等肌理形象的变形纹样（图2-1-20）。各种颜色有其不同的含义，如红色代
表火，蓝色代表水，绿色代表树等，这些颜色的寓意是崇拜大自然物象的意识呈现，绿色
象征着生命和希望，是维吾尔族传统之色，并被视为神圣的颜色。悠久历史的"艾德莱斯
绸"，如今被完美地融汇到现代生活之中（图2-1-21、图2-1-22）。

图2-1-19　艾德莱斯绸的扎经染色与织造生产方式（图片来源：搜狗图片）

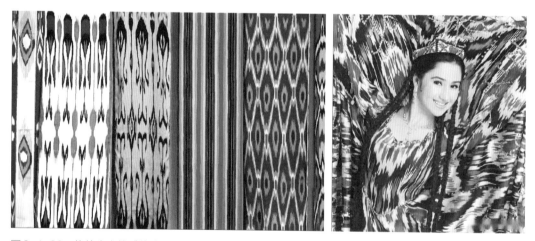

图2-1-20　传统意义的"艾德莱斯绸"纹饰风格（图片来源：新华网）

---

❶ 杨建军.扎染艺术设计教程[M].北京：清华大学出版社，2010：32.

图2-1-21　设计师程应奋的"艾德莱斯绸"设计（图片来源：搜狐网）

图2-1-22　维吾尔族女设计师迪拉娜·扎克尔作品（图片来源：搜狐网）

（二）印度

印度地属南亚次大陆，是古印度河文明的发祥地，其染织艺术与中国并称为最发达的地域，堪称染织技术的宝库。但是，因印度地处季风地带，高温多湿的气候特点使存留至今的染织品非常稀少，致使很难追寻到这种技术的确切发源年代。印度的Bandhani工艺可以在4~5世纪的阿旃陀（Ajanta）第一窟中《摩诃贾纳卡本生》壁画（图2-1-23）找到其描绘的服饰与纹饰。壁画中绘制了类似Bandhani的穿着，这种小点状纹类似于扎染工艺的捆缚绞。

印度称扎染为Bandhani，大英百科全书中对其的描述如下：这是一种在很多地方流行的束缚染色法。在印度，一个扎染的点称为Ek Dali或Bundi（相当于鱼子缬，在印度使用特制的工具进行顶扎所形成的菱形的点），也发展出极其繁复精密的类似于鱼子缬一般的精湛制作的工艺技术，并通过重复点和图案构建出精致组合的设计纹样。我们看到的组合式设计被称为Trikunti，包括树叶、花朵、树木，甚至人类小雕像。靠手工顶扎而形成的防染极限小点，是印度扎染的基本构建元素和最广泛使用的扎染技术手法，整体设计原理是以点构建线条，用线描绘图形，组合构成整体纹饰，有着工整细腻、技术精湛的表现特征，形成了独具特色的印度扎染（图2-1-24）。时至今日，印度扎染依然盛行，最有代表性的地区是古吉拉特邦和拉贾斯坦邦，两地因出产带有精美图案的棉织或者丝织扎染面料而闻名。

今天的印度是仅次于日本扎染生产的兴盛国。纱丽是印度妇女的传统服饰，它由一段长5～8米的丝绸制成，两侧的滚边上结合刺绣的各种纹饰，多为有花卉的几何纹饰，将其裹在内衣外作为一种长袍式或筒状的外衣。纱丽最早是参加宗教仪式活动中的着装，男女都可以穿戴，后来才逐渐演变为妇女的普通装束，距今大约有5000年的历史。纱丽为印度妇女的典型着装，其中Bandhani工艺结合刺绣的纱丽有着精致而华美的风格，成为标志性的印度民族特色（图2-1-25）。

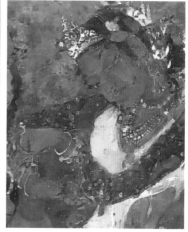

图2-1-23 《摩诃贾纳卡本生》壁画中的Bandhani风格服饰（图片来源：Voyage 361网）

图2-1-24 印度Bandhani的鱼子缬（图片来源：Peachmode网）

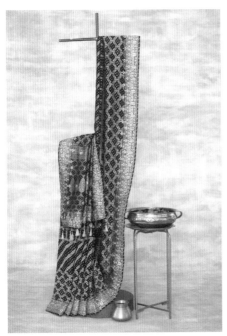 

图2-1-25　印度Bandhani工艺的纱丽服装（图片来源：Peachmode网站）

（三）日本

日本扎染的英文为Shibori。1992年成立的世界民间组织"World Shibori Network"（WSN）对其的解释是：一个集合名词，包含捆、缝、折叠、包、卷、缠等方法，在英语中没有可与之相对应的词汇，可以极为近似"扎染"（形式有别，原理相同）。

日本扎染大约是7世纪从我国传入。但日本本土也在很早的时候，就开始有扎染的制作。日本天智天皇六年（667年），《日本书纪》中有"以锦十四匹，缬十九匹，绯廿四匹，绀布廿四端，桃染布五十八端，……赐橡磨耽罗国使等"记载，这是日本有关扎染艺术的最早记载。从文中可知，当时的扎染制品已经可以作为赐予外国使臣的物品使用了。❶在封建时代的日本，最早的扎染是社会中下阶层特有的工艺技术，故大多数人长期穿着同一件廉价的麻织品衣服。他们定期修补或染上新色，这种技术（日本称"boro"，一类经过修补的日用纺织品）也是当时平民的一种特色，现今已经演化为"wabi-sabi"（侘寂美学概念）审美。德川幕府时期（1603～1867年）又称江户时代，社会繁荣安定，扎染等染织行业也进入繁茂的发展阶段，逐渐成为日本的主流。此时期的浮世绘作品中有大量的描绘表现，已经能充分体现出日本的扎染工艺及风格，从中足见扎染工艺在日本的风行（图2-1-26）。

---

❶ 杨建军. 扎染艺术设计教程[M]. 北京：清华大学出版社，2010：45.

图2-1-26 《有松扎染的店铺》歌川广重、《有松扎染的女人》歌川国贞（图片来源：波士顿美术馆网）

　　日本的扎染在全国各地得到蓬勃发展，逐渐演化出不同的地方特色，由于受到普遍的追捧，形成了两大主要的消费群体风格。一种是象征贵族地位身份特征的和服，有着极其艳丽华美（京都风）的风格，工艺也衍生出更丰富的表现，与刺绣等工艺相结合形成了更复杂的表现语言，京都已经发展成日本主要扎染产地，曾出现过专门的扎染工匠和工坊。著名的"京鹿子"（呈菱形点状，在日本会因大小、手法、形式、风格等因素不同，而有各自的命名）（图2-1-27）是日本重要、复杂的扎染技艺之一，以点构线，以线构形；以点、

图2-1-27 《和服碎片》"辻が花"（日）中的鹿子绞，17世纪末、18世纪初（图片来源：波士顿美术馆网）

线组面，大小疏密形成不同的视觉色阶的设计表现手法，可以构建出花形、海浪、鸟兽等丰富多种的纹样。一件和服上构建纹饰的"京鹿子"点多达几十万颗，工艺繁复制作且细致工整，所需制作时间都按年计算。另一种最具代表性的是名古屋的有松、鸣海地区。名古屋历史上有着"扎染故乡"的美誉。有松染布是自行发展起来的平民风格代表，有松绞独特的扎染技法是近代日本扎染的代表。由于传承发展的完整有序及政府的保护政策，日本拥有世界最为丰富完整的扎染技艺体系。

扎染工艺的扎制技艺概括起来，在日本大致归纳可以分为以下四大流派：三浦流、岚流（狂风流）、蜘蛛流和缝流、筋流（图2-1-28）。技术层面的成熟和审美表现力方面，在江户时代已经发展到一个令人难以企及的鼎盛时期。

Shibori一词，已成为世界扎染艺术的通用词汇。时至今日各时代特有的扎染纹饰和技艺在日本仍然留存于世，构建了完整的工艺系统，成为世界扎染学习与研究的宝库，随着全球化进程对世界扎染的持续影响力已达百年之久。

（a）蜘蛛流　　　　　　　　　　（b）岚流（狂风流）

（c）三浦流　　　　　　　　　　（d）缝流、筋流

（e）三浦流　　　（f）岚流（狂风流）　　　（g）蜘蛛流　　　（h）缝流、筋流

图2-1-28　日本扎染流派参考示意图（图片来源：脸书网）

三、非洲扎染技艺发展概况

非洲是除亚洲之外另一个生产、使用扎染工艺的主要地区。在非洲存世样本中保存着11世纪的圈纹扎染帽，出自位于西非偏北部的马里部族坟墓之中，据此推断非洲的扎染工艺距今已有上千年的历史了。

在尼日利亚西南部约鲁巴兰的妇女制作的靛蓝抗染棉布，被统称为"Adire"（阿迪尔），主要分为两大类工艺：一是Adire Oniko（扎染），是指使用酒椰纤维（也称"拉菲草"）捆缚绞或针缝绞进行防染再染色，构建了非洲扎染的主要工艺特性；二是Adire Eleko（原理与蜡染相似），使用淀粉质玉米或木薯糊手绘到布料表面实施防染再进行染色；两大工艺风格如图2-1-29所示。非洲捆缚绞的扎染手法主要是将小石头或种子绑在布上会形成近似小圆点（实际是菱形），或者是揪扎捆绑方式。

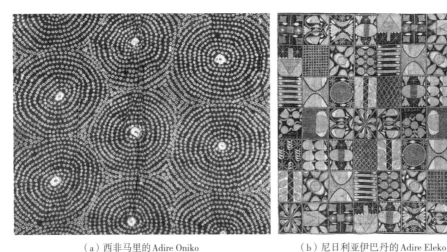

|（a）西非马里的 Adire Oniko|（b）尼日利亚伊巴丹的 Adire Eleko|

图2-1-29　非洲Adire两大工艺风格（图片来源：维多利亚与艾尔伯特博物馆网）

非洲扎染工艺分布地域较广，在扎染技法和纹饰风格上均具有明确的地域辨识度。纹饰以几何方式或抽象的动物象形符号为主进行构建，风格粗犷而简练；由于非洲经济发展缓慢落后，所以保持着明显的原始特征。尼日利亚扎染在保持传统技艺的同时，也注重工艺的创新及其应用。19世纪踏板缝纫机的普遍使用，被广泛地应用在针缝绞的机缝压线工艺中。机缝压线防染法其工作原理是将面料打褶或沿着折线，进行机缝压线处理，无须抽扎的程序，直接经染浴后产生独特的图形防染效果，这种扎染工艺手法在非洲被称"Adire Alabere"（机缝绞）。针缝绞工艺在技术上除了平缝、折缝、机缝压线之外，卷缝法也是最有非洲特色的工艺之一，一种是以绳作芯，呈螺丝纹的方式缝线，施加一定压力来固定绳子实施防染；另一种卷缝方式是无芯的，通过缝线收紧来进行防染。两种工艺手法都是用来表现线条的主要方式，有着不同的表现效果，形成了非洲扎染风格的最典型特征。卷缝绞最具代表性的是居住在喀麦隆巴门达草原的Bamileke（巴米累克人），卷缝绞这种防染工艺在非洲因此也称为"Bamileke Ndop"（图2-1-30）。在过去，穿戴这种服饰绝非不受限制之事；它被视为具有神秘能量之物，多用于仪式、葬礼等场合，只有少数享有特权的人，尤其是国王、显贵、酋长等被授权才可以佩戴它，是等级、头衔、权力的地位象征。居住在刚果的部族除了缝扎之外，还运用夹扎防染法，也用勾扎或揪扎成串的小圈纹排成菱形图案。西非扎染工艺的染色以蓝染为主。

图2-1-30　Bamileke（巴米累克人）的Bamileke Ndop（卷缝绞）（图片来源：digitalwaxprint网）

现在非洲扎染发展仍有不少兴盛地域，西有苏丹、喀麦隆、科特迪瓦，南有刚果，北有摩洛哥、突尼斯、阿尔及利亚、利比亚。另外，非洲也有类似印度的伊卡特（绊织）技术，这项技术主要在加纳的部分地区使用，尼日利亚也有应用，多为经向、无纬向、双向或复合伊卡特，且染色多为蓝白经典色调，同印度伊卡特有着截然不同的外观。

四、美洲、欧洲扎染技术发展概况

哥伦布发现美洲大陆前，扎染已在美国亚利桑那州、新墨西哥州生产，而最早科考产地是在秘鲁。南美洲的扎染工艺一直都处于初期阶段，工艺简单，以捆缚绞的揪扎为主，并通过拼接方式完成大块面料，以拼接实现丰富多彩的表现。

（一）南美洲

以秘鲁为中心建立起的古代安第斯文明，有着悠久的纺织基础。作为人类基本生存的物质条件和文化需求的印染品，在这里不断被孕育发展起来。在世界纺织与印染文化遗产中，其独特的印染文化令人瞩目。

秘鲁的安第斯地区扎染工艺，是距今约八百年兴盛一时的印加文明的重要组成部分。在此地区，用于扎染的材料有嵌入织的毛织物披肩、平织棉布、棉纱、绉和罗等面料，工艺手法主要以捆缚绞的揪扎点（鹿胎纹）进行不同的画面组合，借以搭配绚丽多彩的色彩，形成了独有的扎染地域风格，制作上也能反映出古代安第斯扎染艺术的精美程度（图2-1-31）。16世纪随着西班牙对秘鲁的殖民统治，一个古文明的时代就这样退出了历史演化的舞台。

（a）秘鲁南海岸　纳斯卡-瓦里文　　（b）秘鲁　纳斯卡-瓦里文化（500～700年）
　　化（100～400年）

图2-1-31　安第斯扎染作品（图片来源：liveauctioneers网）

（二）北美洲

扎染在美国更多时候被称为"Tie Dye"，在国际上也是通用的。

扎染在美国及欧洲各国的历史记载较少。有文献记载，欧洲早期的扎染工艺来源于大航海时代的非洲及印度，而后随移民影响了北美洲；从地理位置上讲，美国也不排除受到中美洲和南美洲的扎染工艺的启发，舶来也是美国文化的基本特征和属性，这并不妨碍极富创造精神的美国对扎染演化的推动所做出的贡献。

20世纪六七十年代的历史尤其复杂、激荡而迷人，社会大环境中各种思潮斗争激烈：反越战的浪潮、黑人平权运动、女权运动跌宕起伏……大多数美国人陷于苦闷、怀疑的负面情绪中，年轻人渴望美好而追求理想化的乌托邦生活方式，形形色色的文学家、艺术家、诗人在切尔西酒店交会，讨论着新的思潮、艺术观念与政治主张。在此期间扎染受到嬉皮士运动、现代绘画艺术形式和迷幻摇滚乐的影响，产生了迷幻光影与饱和色彩混搭的现代视觉图形，呈现出摇滚乐般强烈的节奏……❶至此扎染在美国成为大众经典的时尚符号，也成了一种反主流文化的代名词和文化符号（图2-1-32）。

其实早在20世纪60年代嬉皮士文化之前，美国一家扎染染料品牌"Rit"，正经历着产品销售的艰难时期，公司濒临破产。以前，公司目标受众是家庭主妇，公司营销商唐·普赖斯（Don Price）决定改变产品方向，将"Rit"的液体染料代替盒装粉末，以便直接使用。借着1969年伍德斯托克音乐节的举行，其资助艺术家用"Rit"染料制作了上百件的扎染T恤，其中John Sebastian、Janis Joplin（图2-1-33）等多位摇滚明星身穿多色的扎染衣服为"Rit"提高了知名度，也成为当年伍德斯托克音乐节的象征。当时广告宣传如图2-1-34所示。

图2-1-32　20世纪60年代强烈的反文化影响及美国嬉皮士文化（图片来源：across the universemovie网）

图2-1-33　John Sebastian、Janis Joplin摇滚明星身着"Rit"染料扎染的T恤（图片来源：clickamericana网）

❶ 孙波. 艺术染整的现状研究[J]. 青春岁月，2013（16）：103.

自20世纪70年代以来，在美国多元文化的生态背景之下，作为多基因混血的美国扎染，在艺术、时尚、运动、休闲、街头文化等不同领域流行开来，这一原始、古拙的传统技艺得到空前的推演与发展，在世界范围产生了更广泛的影响（图2-1-35）。

图2-1-34　20世纪70年代的扎染"Rit"染料广告（图片来源：clickamericana网）

图2-1-35　美国街头、户外厂牌"R13"（图片来源：搜狗图片）

（三）欧洲

现代文明起源于欧洲，传统的手工扎染早已湮没于现代文明的浪潮中。欧洲作为当代时尚、流行文化的孵化器，世界各色文化、各种民族特色工艺在此交融与碰撞，成为世界各地的设计师、艺术家的灵感与创意的孕育、生发、滋养之地（图2-1-36）。

图2-1-36 英国设计师斯特拉·麦卡妮（Stella McCartney）的作品（图片来源：搜狗图片）

第二节
扎染的概念、原理、基本方法

一、历史中的扎染概念

扎染，古称缬、绞缬、撮缬、撮晕缬、扎缬、绞染……是传统染缬工艺之一。织物在染色时部分扎结起来使之不能着色的一种染色方法，属防染工艺，也是中国传统的手工染色技术之一。释玄应《一切经音义》记载："缬，谓以丝缚缯染之，解丝成文曰缬也。"[1]《资治通鉴》记载："缬，撮彩以线结之，而后染色。既染则解其结，凡结处皆原色，余则入染也。其色斑斓谓之缬。"[2]熊忠《韵会》写道[3]："缬，系也，谓系缯染成文也。"[3]

从广义上讲，所谓"缬"，意即斑斓的色彩，后来泛指织物印染的花纹和防染染色呈现花纹的方法；[4]染缬，是古代丝绸印染工艺的总称。从狭义上看，"缬"实际特指"绞缬"的。绞缬技艺传入日本后，在《倭名类聚抄》卷12中有"缬，结帛而文采也"的记载。另据日

❶ 赵丰.中国丝绸艺术史[M].北京：文物出版社，2005：84.

❷ 司马光.资治通鉴：第4册[M].胡三省，音注.北京：北京古籍出版社，1956.

❸ 赵丰.中国丝绸艺术史[M].北京：文物出版社，2005：84.

❹ 罗钰，钟秋.云南物质文化·纺织卷[M].昆明：云南教育出版社，2000：291.

本学者的考证，在《法隆寺献物帐》中：唐代染织物分别为缬、臈（蜡）缬、夹缬三个类别，历史上"缬"曾专指绞缬。❶

中国历代的染缬类花样和技艺，不但制作工艺精良，而且极具特色。在历代文献中各种扎染的名称，或以形分，或因色名，或以工艺称，或因产地谓之，大多不难理解，唯五代末至北宋初的《清异录》和北宋禁令中提到的一种"尊重缬"和"跋遮那缬"，其制作方法与具体模样，已经无从考究。❷林林总总还有一些民间的命名，依循技术与方法原理大致可以归类于普遍流行的传统四缬：绞缬（扎染）、蜡缬（蜡染）、夹缬（夹染）、灰缬（彩印、蓝印）；也包括了凸版印花技术。

二、回归原理，重新定义扎染

综上记载及定义，笔者结合发展至今的传统扎染工艺技术，通过实践进行了实例的综合研究与总结，现分别给出以下定义、技术方法、原理。

绞缬，扎染的古时称呼，是一种通过防染显现纹饰形状的传统染术，通过对织物进行捆扎、针缝、折叠、挤压、型板等遮挡，并利用收紧、捆缚、夹压、扎结等多种方法固定其遮挡并选择施加不同的压力，实现人为干预染料渗透或阻止渗透的染色操作，形成丰富变化的纹饰纹理的一种防染工艺技术。

扎染原理就是通过工具材料施加于不同压力实现遮挡，干预染液渗透程度，实现特有的防染染色工艺，如图2-2-1所示为工艺原理模型示意图。

图2-2-1 扎染染色的工艺原理模型示意图（图片来源：张湜）

按扎染工艺方法可分为：捆缚绞、针缝绞、折叠绞、夹板绞、卷筒绞及综合绞六大系列工艺技术；这是建立在技术手法层面，按照相同原理进行的广义归类，有别于中国、日本及欧美历史上以纹饰特点进行繁杂命名的分类法，虽略失情趣，却能化繁为简，便于直接明了地学习理解原理进而掌握扎染工艺，为进一步的思维推演做好铺垫。合理的分类方式是需要借助原理进行划分的，这可以帮助我们有效规避僵化的学习方法，进而建立起运用原理思考的模式，使技术方法具有推演的可能性。

---

❶ 河上繁树，藤井健三. 织りと染めの史・日本编 [M]. 东京：日本昭和堂，2004：23.
❷ 余涛. 历代缬名及其扎染方法 [J]. 丝绸，1994（3）：52-54.

三、拓展边界，复兴扎染技艺

任何概念定义，都带有其特定历史时期认知的局限性；随着工艺技术的不断发展，也必将迭代出新的技术品种，而被重新界定。概念与定义，不会是固化和一成不变的，只是建立在某个阶段为人们理解与认知的便利而确立。当下我们见到的所有印染技术及当代任何高科技，无不是从传统手工技艺一路历经不同时代、不同地域、不同文化、不同种族、不同审美及技术认知提升等共同推演、迭代而生的。传统的扎染技艺发展到现在，已经具备了可以运用新的系统思维进行原理剖析的条件，同时技术推演也对扎染系统概念进行了必要的定义更新，这也是当下的一个需求，使学习者可以便捷地去理解、学习、发展这一优秀的传统技艺。

任何留存至今的优秀传统技艺，不仅是人类宝贵的物质遗产和文化遗产，还为我们传递着人类与自然抗争和共处的精神与智慧，更为重要的是其发展脉络为传统技艺的传承和发展留存了依据和丰富的实践经验。新的历史时期为我们带来新的认知、新的视野、新的观念、新的材料、新的技术，也为概念、方法论、审美情趣等演化提供了新的场景；传统技艺必将被激发出强大的生命力，实现扎染文化的演进与重塑，这也是传统文化的内在精神。

我们在溯源学习传统技艺时会发现，任何一个民族的优秀文化，无不建立于开放融合的基础之上，才能塑造出自己的民族特色，走向国际舞台，展现本民族的文化自信，塑造出一个国家真正意义上的精神内核。

当下的中国传统技艺复兴，不仅要进一步创新发展，向世界各国学习，更要联结中国文化的发展脉络，为重构传统技艺提供基础条件，在时代赋予的机遇背景之下，推演、塑造真正意义的中国制造。

四、如何构建基本的学习方法论

第一性原理源于古希腊哲学家亚里士多德提出的一个哲学观点："每个系统中存在一个最基本的命题，它不能被违背或删除。"第一性原理指回归事物最基本的条件，将其拆分成各要素进行解构分析，从而找到实现目标最优路径的方法。"我们运用第一性原理，而不是比较思维去思考问题是非常重要的。我们在生活中总是倾向于比较，对别人已经做过或者正在做的事情我们也都去做，这样发展的结果只能产生细小的迭代发展。第一性原理的思想方式是用物理学的角度看待世界，也就是说一层层剥开事物表象，看到里面的本质，再从本质一层层往上走。"这就是"第一性原理思维模型"——回溯事物的本质，重新思考怎么做。

依据第一性原理的思维推导，我们可以建构出学习、研究、推演的认知方法论的基本模型（图2-2-2）。

结构 → 解构 → 重构

图2-2-2　认知方法论基本模型（图片来源：张湜）

（一）结构

是指事物自身各种要素之间的相互关联和相互作用的方式，包括构成事物要素的数量比例、排列次序、结合方式和因发展而引起的变化，这是事物的结构。结构是事物的存在形式，这就是说，一切事物都有结构，事物不同，其结构也不同。

（二）解构

解构或译为"结构分解"，是后结构主义提出的一种批评方法。是解构主义者德里达的一个术语。"解构"概念源于海德格尔《存在与时间》中的"deconstruction"一词，原意为分解、消解、拆解、揭示等，德里达在这个基础上补充了"消除""反积淀""问题化"等意思。"解构"中文一词由钱钟书先生翻译而来。这里取狭义的分解、拆解之意。现也泛指对某种固定思维模式或抽象事物结构的解剖、分析。解构是由法国哲学家德里达引入的一个术语。这个词可以追溯到德国哲学家胡塞尔和海德格尔，解构的目的是通过消解固有的思维模式来找出概念的最终基础，只有通过解构的方式，才能解除传统思维模式的禁锢，建立起新的概念和体系，解构是进行概念和模式创新的基础。

（三）重构

重构（refactoring）是编程的一个术语，通过调整程序代码改善软件的质量、性能，使其程序的设计模式和架构更趋合理，提高软件的扩展性和维护性。

在学习任何一个简单的扎染工艺操作的同时，都可以对其结果进行解构，就像儿时的"拆闹钟"一样，这样不仅可以帮助我们深入理解工艺操作，同时也获取了工艺构建元素以及元素间构建的逻辑，为下一步实现推演的发生提供了基本条件。扎染的学习就会轻松进入一个不再是范式的复制行为，而是一个推演可能性的实验论证（探索）的实践过程。我们不仅要不断地去深入认知工艺的结构，解构出层级的关系，还需为重构技术建立新的内在逻辑，并在实验论证中探索更多未知的可能；除了技术纵向的深入探究外，还应该拓展认知维度上跨学科、跨地域的知识储备，摆脱单一技术思维和个人维度的局限，走出僵化模式，这是对认知方法论运用到扎染学习过程中的解析，也是我们认识、理解、探究、处理问题的方法论。

第三节
扎染的学习及思维拓展

一、解构是学习与拓展的必要通道

　　沧海桑田、史海沉浮、花开花落是自然万物的一种演化状态，一切事物都以其不同的"生命"形态呈现。古往今来，传统技艺以推演的脉络来呈现"生命"的状态，我们称其为发展。这条蜿蜒盘旋升腾的脉络，源源不断地为后人提供了归纳、演绎的数据依据，并滋养着其技艺"生命"的存续、跃升。

　　在课程实践中，学习者初期很容易不同程度地受制于技术方法，而落入复刻、复制的机械模式之下。思考一下我们的祖先为何可以从无到有地创始一门技艺，再想想我们的前人为何又能在祖先创始的技艺基础上不断推演发展及迭代呢？是什么原因使我们困于机械式模仿之中不能自拔？那么又是什么主导了方法的产生、拓展和演绎呢？……我们需要回归到原点和技艺演化的脉络之中，去寻找那些被遗失掉的"生命"力，让被掩埋、失落在历史长河中的"秘籍"重见天日。

　　图2-3-1是根据扎染起源传说进行的模拟示意图，这个随手而为之的事情，在当时实属司空见惯，即使当下这类事情也从没有缺少过，为何却能成为创造一门技艺的原点起始呢？现在让我们导入上一节，根据第一性原理建立的认知方法论模型"结构—解构—重构"来进行一次深入剖析，如图2-3-2所示。

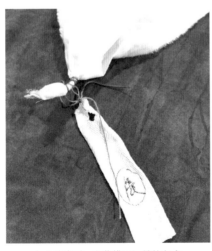 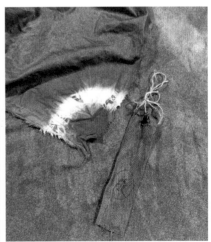

（a）染布时，留作辨识记号的方式　　　　　（b）染后，拆除辨识记号所留下的印记

图2-3-1　根据扎染起源传说进行的模拟示意图（图片来源：张湜）

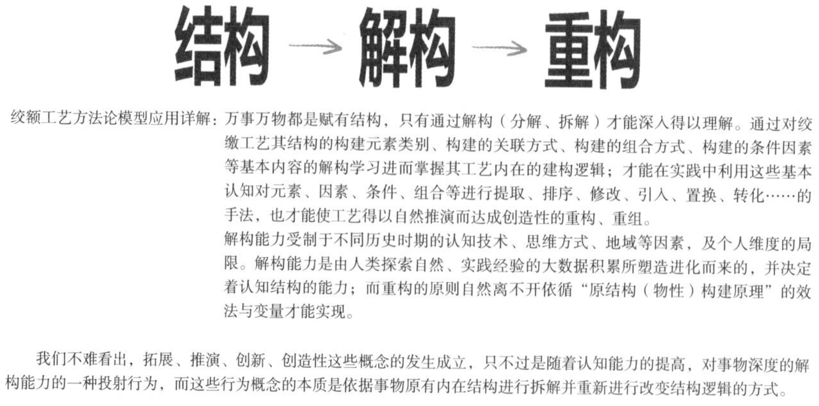

结构
解构
重构
绞额工艺方法论模型应用详解：万事万物都是赋有结构，只有通过解构（分解、拆解）才能深入得以理解。通过对绞缬工艺其结构的构建元素类别、构建的关联方式、构建的组合方式、构建的条件因素等基本内容的解构学习进而掌握其工艺内在的建构逻辑；才能在实践中利用这些基本认知对元素、因素、条件、组合等进行提取、排序、修改、引入、置换、转化……的手法，也才能使工艺得以自然推演而达成创造性的重构、重组。
解构能力受制于不同历史时期的认知技术、思维方式、地域等因素，及个人维度的局限。解构能力是由人类探索自然、实践经验的大数据积累所塑造进化而来的，并决定着认知结构的能力；而重构的原则自然离不开依循“原结构（物性）构建原理”的效法与变量才能实现。
我们不难看出，拓展、推演、创新、创造性这些概念的发生成立，只不过是随着认知能力的提高，对事物深度的解构能力的一种投射行为，而这些行为概念的本质是依据事物原有内在结构进行拆解并重新进行改变结构逻辑的方式。

图2-3-2 认知方法论的应用详解（图片来源：张湜）

从标识记号行为到拆除后留下的印记，这就为我们提供了可以进入富有结构的事物之中的条件，可以进行解构（拆解）其结构了，此时，我们就如拥有了“上帝”的视角（逻辑推导的回溯）一样，看看在事物发展过程中究竟触发了什么。

（一）认知思维和行为的基本解构

首先是看见，所有人都具备的能力，并无玄妙之处；其次，好奇心被驱动，他们揣摩其成因的关系（发生拆解或解构了解成因），这是一个被称为发现的过程；下一步，进入模拟实验的实践中进行论证，效法事物发生的状态；最后，在那个久远的年代，信息闭塞，人们只能通过漫长的实践、探索、积累实践数据（经验）、再论证的过程，一代接着一代人的努力，逐步构建出具有系统性（尚属隐性状态）的染色工艺。归纳总结如图2-3-3所示。

基本模型
变量
看见
发现
效仿
数据
大量实践论证
技艺确立、发展
基本拓展模型

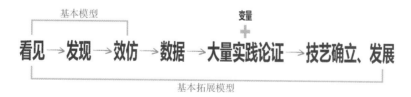

图2-3-3 认知思维发展的模型（图片来源：张湜）

（二）扎染雏形与基本结构的解构

我们现在依据图2-3-1的模拟效果进行解构分析。作为记号的形式与被染色后的结果，很容易通过拆解或解构的思维方式，获取到下面这些相关因素关系的数据：捆扎促使布料形成褶皱，这种褶皱也可以称为自然（或随机）折叠；捆扎的线、捆扎时的力度（或压力）；对应看看染色后拆除捆扎的结果，捆扎部分产生了防染效果（染料无法有效渗透），捆扎部分的边缘留下了虚色（或色晕）效果；捆扎部分可以接触到染料的地方，形成色斑，色斑又是在捆扎线的分割下构成的；捆扎部分留有捆扎线的痕迹（或防染痕迹，或遮挡痕迹）；捆扎的线是需要力度才能在染色时不脱落，压力成为一个不可缺失的重要因素。根据这些彼此相关的因素和各元素之间所呈现的对应逻辑关系产生的结果（染色后的效果），就不难归纳出发生与结果的关系，为下一步实践论证建立起基本条件与思维基础，如图2-3-4所示。

图2-3-4　解构后，模拟其染色过程中各因素逻辑构建的结构示意图（图片来源：张湜）

虽然前人并没有留下这个基本的对扎染认知推导的结构模型与相关文字，但他们努力推演着绞缬发展到今天所形成的脉络，为我们溯本求源带来充足的依据。在此基础上我们依然可以通过基本的逻辑梳理，归纳、勾画出扎染技艺的基本系统，使我们提炼出演绎的原理，有效地提出对扎染技艺进行推演与拓展的依据，这一切碎片化的"遗产"在新的历史时期将被重新激活其生命力。只有这样深入地去进行解构，获取扎染技艺内在的演化信息，才能从根本上解决简单机械地复制传统形式于当下的困境，使传统技艺富有时代的气息，触发推演与创造性能力的自然"生长"。

接下来让我们继续在模拟的基础上，推导出前人是如何一步步推演技艺的探索和实践（图2-3-5、图2-3-6），直至构建为一门成熟的染色技艺。这就要利用到解构（逆向拆解分析成因的过程）的分析能力，通过对模拟结果的成因分析，来体会感悟前人的思维方式和推演逻辑，获取传统技艺内在蕴藏的演化能力。

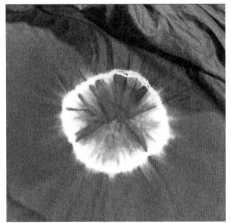

（a）模仿作记号的方式，推演出揪起面料进行捆扎　　（b）染后，拆除捆扎所留下的防染纹饰（效果）

图2-3-5　根据绞缬起源传说进行的拓展模拟示意图1（图片来源：张湜）

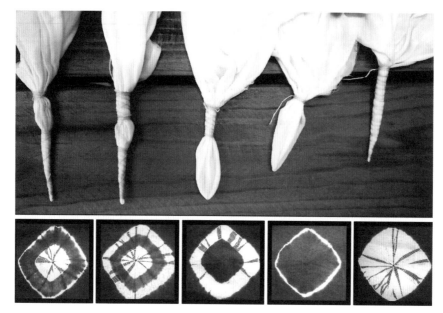

图2-3-6　传说在不断被推演着，已日趋成熟的扎染技艺表现2（图片来源：张湜）

如果体会不深，那就需要反复模拟，同时尽一切可能去施加变化（变量思维），直到链接到所蕴含的原理信息，必然触发推演的发生，这就是一个记号如何构建一个扎染世界的原点，并借此打开推演（创造性）之门的故事。

（三）在实际操作过程中，对染料特性、染色程序的解构

传统蓝染的染料相较于其他染料，有渗透性弱、抗干预差的物性特征和特点，使扎染的防染技术具有更多的变量演绎；染色需要靠遍数进行套染，才能均匀染色、增加深度和增强色牢，是千年来论证的有效规则与经验；色彩在逐次染色增深的染色程序中，提供了构建多色阶设定的基础条件和方式。这些可以被解构出来的因素和元素单位，是我们进行重构的条件和基础。解构能力受时代的认知能力、审美、技术等诸多因素的制约，我们只能随认知能力的提高才可以进行更深入的解构，这也是技术演进的必要条件（图2-3-7）。

（四）对扎染工艺原理的系统解构

在深入解构的基础上，我们才能实现真正意义上的学习，更充分地掌握绞缬工艺。

（1）构建遮挡的方法（图2-3-8），在自己所知技术层面的基础上，对技术手法（遮挡）进行解构提取的元素，正是这些基本的技术元素构建了技术手法。可以通过选择每个技术元素的手法形式、组合方式等来进行遮挡，这些元素都可以通过变量控制，实现不同的演绎。例如"缝"这个技术元素，如何进行缝制的方法选择、如何进行缝制方法的组合形式、如何对缝制构建的分级管理来实现色阶的染色等，我们只有通过大量的实践，才能将这些深度解构的技术元素有效地转换为新的构建基石。

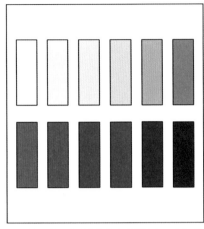

（a）靛蓝建缸需要建浅色缸和深色缸，便于控制色阶在浅色缸进行逐次套染染色，可以染制丰富的色阶蓝色在逐次套染中加深靛蓝染色的遍数，对加强色牢也有帮助

（b）染布时，色阶可以增加丰富的色彩表现能力

图2-3-7　染色色彩、染色程序过程解构分析示意图（图片来源：青舍染艺课程实验性习作）

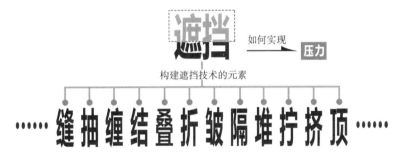

图2-3-8　扎染"遮挡"底层技术构建元素的解构示意图（图片来源：张湜）

（2）实现有效遮挡程度，必须依赖合理的压力方式（图2-3-9）。"工欲善其事，必先利其器"，压力是需要借助工具才能实施，技术的实现和升级，向来都离不开对工具功能的深入剖析，而工具的改良则必须是建立在对工具功能所对应的内在属性和特性基础上，工具的置换和升级换代也离不开在实践中所获取的大量实践论证数据（包括前人）、直接经验的积累而实现。对压力大小的控制，是干预染液渗透，形成防染效果的最直接方式；而工具的属性和特性的不同，同样可以通过不同程度的遮挡来干预染液的渗透，形成另一维度所操控的防染效果。

实现升级、置换所使用的工具，由此改变压力技术方式的执行，技术方法和防染效果也就由此自然而然地得以推演。

（3）除了压力会影响渗透，材料（被染色的材质）本身也会直接影响渗透的程度（图2-3-10），对防染构成不同的渗透效果；任何材料的构成都会有不同的材质属性和特性，对染色过程中的渗透都会有不同的作用发挥。只有在对材料基本特性充分了解的基础上进行正确选择，才

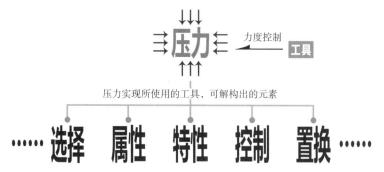

图2-3-9　扎染"压力"底层技术构建元素的解构示意图（图片来源：张湜）

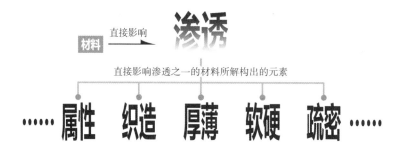

图2-3-10　扎染的底层技术"渗透"构建元素的解构示意图（图片来源：张湜）

能有效地实现对预期渗透的防染效果的掌控。这样就可以借助材料本身特性塑造出染色的独特性和对应的防染表现力，也是创造力的重要构建基础。

（4）不同染料的不同特性也是影响染色表现的关键因素（图2-3-11）。染料的特性决定着染色所构建的基本方法、规则、程序；针对既定的方法、规则、程序，可以深入进行下一个层级的解构，在解构的基础进行置换、优化、修改、剔除等逻辑重构，演化出新的染色方法、新的规则、新的染色程序，构建出新特性的染色方式和染色效果。

图2-3-11　扎染的底层技术"染色"构建因素的解构示意图（图片来源：张湜）

相对完整的扎染工艺结构系统与结构层级如图2-3-12所示。

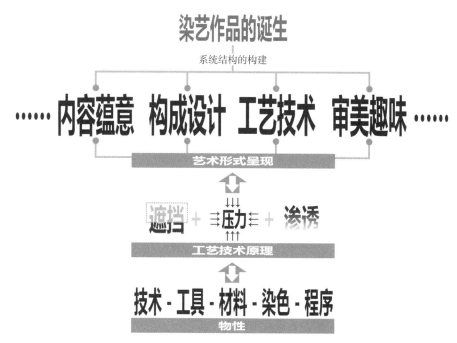

图2-3-12　扎染工艺技术系统结构的示意图（图片来源：张湜）

　　解构能力是认知的基本起始点，进而才能分析、归纳、梳理出结构的构建原理和构建逻辑，以及影响推演的因素和条件，再通过运用技术原理进行大量的新逻辑构建的实践论证。当数据、经验以及不断提升的解构能力积累到一定程度，由量变到质变的重构推演就必然发生，其结果就是创新和创造力（重构形式）的呈现。技术结合设计能力、审美趣味、文化底蕴、思想才能使这个系统滋养、建构出富有灵性的表达形式。

　　以上是对扎染染色环节和各因素解构的系统层级示意模型，是一个现阶段的参照，学习者依然可以继续深入地去探究解构；一个结构化的系统思维，不仅可以有效提高学习效率，而且可以有针对性地构建自己的学习方式。学习者可以在此基础上结合实践进行自己的扎染系统构建，这样不仅可以帮助学习者培养敏锐的洞察力、综合的分析能力、逻辑的构建能力，还可以培养独立思考能力，激活自学能力。解构能力本身就是认知能力，也是重构能力的"基石"，随着认知、实践不断提升，将会塑造学习者的推演、创新的重构能力，这也是一个领悟、理解自然物性的过程。物性本身就蕴藏着自然万物运行的"秘籍"，物性与物性之间的作用就是技术原理。

二、解构是重构的方法论

　　重构的实现，不是简单地效仿构建。它必须是通过大量的解构认知与变量的实验论证，方可获取到不同层级的元素和构建结构的有效数据；只有如此才能具备基本的构建能力。

解构可以使我们介入结构的内核和结构构建的路径，其过程本身就是逆向的建构思维能力的获取通道。解构是人类认识自然、探索自然的基本技能，是在适应自然的过程中演化出的能力，是对自然物性的理解与探索，是一种"效法自然"的建构之道，也是对推演能力（创新）的合理注释。

解构能力，决定认知能力和探究（学习）能力，而当下解构能力的习得离不开对传统技艺的学习和对前人经验和数据积累的承接，更离不开当下的实践经验与论证；解构能力又主导演化变量思维和重构（创造力）的逻辑构建能力（图2-3-13）。

只有通过解构（拆解）才能获取对事物的认知，重构的本质是对原结构的逻辑重组；事物的内在、外在构造及条件因素都是认知的"根系"！

图2-3-13　重构（创造力）的认知方法论模型解析（图片来源：张湜）

不同事物（材质选择、工具使用）都具有不同的结构、内在逻辑及运行机制，对应着的是根据不同需求进行的技术方法解构、流程解构，才能产生有效的执行方案（重构逻辑），并驱动着重构（创造性）的无限可能性。

三、如何实现可持续的创新

那个辨识记号的出现，相对于整个扎染系统来说是扎染的"创世纪"，也可以说是"从无到有"的创造和创始原点。作为辨识记号的"扎染"已经先于扎染之前就存在了，这并不是由人类主动实现的创造，而是由"扎染"的内在物性与天然原理机制在特定情况下随机生成的染色效果，"扎染"（这个辨识记号）就是这样天成的"有中生有"，而非"无中生有"。可以确定前人只是一个发现者、学习者和推演者，那么前人又是如何在发现的基础进行学习和推演呢？让我们看看这被撮起的布，随意捆扎所形成的褶皱，其特征是折叠，为未来衍生出折叠绞提供了可被解构的形态演变信息。我们再来继续解构捆扎的方式，用线捆缚时，需要在一定压力下实现固定作用，对应地在染色过程中产生了遮挡和随机的防染效果，线的遮挡形式和作用又为衍生出夹板绞等扎染技术方法埋下了线索……我们不难得出这样的结论：历经几千年发展到今天的扎染技术方法和基本原理，本就已经隐匿在那个久远的、粗糙的记号之中了，只是在不同的历史时期，不断地被解构认知才能得以运用。

初阶简单的事物，都隐匿着推演的高阶信息，将随着认知能力的提升而被揭示。或许你会追问推演的逻辑依据是什么，我们姑且将传说中作为辨识所使用的那个记号，假设为扎染的创始点，通过文献记载、考古文物、工艺技术分析……再关联到发展至今的扎染；

通过反向推导（回溯传统的脉络）与正向推演（演化发展的脉络）的论证过程，就可构建一个可以逻辑自洽的扎染推演脉络，用来作为我们学习、深度研究、推演扎染工艺发展的一种参考和方法论的依据。

认知方法论（结构—解构—重构），是人类在自然环境中经过漫长的生存与实践演化而来的强大认知能力，并不断地在实践中通过回馈得到提升。它也是所有能力的基础；认知方法论不仅解决了人类基本的生存问题，同时也为推动人类发展提供探索的动力。如果没有通过认知所建立的底层逻辑（效法自然），人类将丧失获取、揭示自然物性能力的通道，也将被困制在一个"蛮荒"的时代困局之中。

扎染的创始之初处于相对蒙昧的时代，一个曾经仅供辨识的记号能够转化为一门技艺，这种推演（创造力）是需要在深度认知能力的基础上，通过变量的实验论证才能实现的；虽只是处于简单解构能力的初级阶段，探索者凭借着洞察力、基本的变量思维，就可以使演化得以发生。"创始者"的这种以解构为学习方式，以变量进行探索、以实验论证作为技术推演的方法论，千年以来在科技、文化、艺术等领域都得到了充分的佐证，通过不断地实践论证、回馈、积累变量数据而实现持续的发展。

认知方法论是一个变量系统，也是一个循环精进的系统，它就像一粒"种子"在人类发展的不同历史阶段呈现着的"生长"状态。

第四节
扎染的工艺流程

人们在长期染色生产过程中，逐步形成了规范的染色流程，来规避、解决、处理染色过程中的问题，提高生产效率等。对于初学者首先要严格遵守规范的染色流程，才能更容易找到染色过程所遇到的匀染、色牢等质量问题；也才能更好地帮助我们理解染色原理，对应地建立起独立处理染色问题的能力及染色工程中的变通思维。绞缬染色工艺流程如图2-4-1所示。

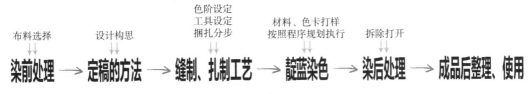

图2-4-1　绞缬染色工艺流程简图（图片来源：张湜）

一、染前处理

查阅第一章第三节中的染色前处理方法。

二、定稿的方法

在染制纹饰图案前，需要对布料的大小、扎染技术的选择、画面纹饰的定位方法、染色综合工艺程序等作出规划。

（1）制作漏版：首先要选择有耐水性的材料来制板，可以反复使用；其次考虑是否选择透明材料以便于对准、复制完成定位画稿。这是适合批量加工类型的纹饰定位方式，可以用冲孔器按图形打孔制作漏版，印制使用可以水解（遇水即可消色）的染料或花青素等来进行纹饰定位。刷板漏印完成量化生产的画稿，就可以轻松完成量化生产纹饰定位量化的复制，接下来就可以按画稿定位进行扎制工艺的操作了。

（2）投影的类型：可以借助投影机、水解笔进行画稿。

（3）单幅染色的类型：可以直接使用高温型水解笔（60℃水温才能消色）绘制画稿；复杂色阶的染色，可以通过不同颜色的高温型水解笔绘制画稿，方便辨识分次扎制的先后程序，便于应对复杂的染色方案。

（4）即兴的类型：适合专业人士的操作方法，无须按照既定的构思进行画稿布局，带有极强的随机性，操作者需要有丰富的实践经验作为基础，此法不适合初学者。

序号（1）和序号（2）的放稿方式，都是可以满足量化生产需求，序号（3）和序号（4）适合创作型人士选择；方法不是固化的，根据实际情况，可以建立更符合自己实际操作的有效方法。

三、缝制、扎制工艺

画稿方案完成后，在缝制和扎制时，需要建立有效的工作方法，对于没有经验的操作者要注意以下问题。

（1）不同的材料在缝制时，要合理地选择针和线的粗细，尽可能避免伤布；要选择有一定涩度、结实有韧性的缝线，避免抽拉时断线。

（2）在缝制过程中，要正反面检查，不可有打结和缝绞在一起的情况，一旦出现将无法正确完成扎制；复杂的画面，还要检查是否有疏漏，在画稿时也要总结经验，尽可能地进行归纳，不要过于繁杂混乱，给扎制程序制造不必要的麻烦。

（3）在设计制作复杂的套色染制时，画稿需要不同颜色的绘制进行区别，缝制时同样可以使用不能被染色的缝线进行区别，否则将在染色过程中无法分辨，导致无法进行扎制操作，致使程序操作失败。

（4）缝制时，要同步考虑起始的固定和收尾的固定来决定双线或单线缝制。

（5）抽拉缝线时，要慢要缓，一边抽拉一边梳理，避免蛮力拉断缝线；布湿时，布更容易聚得紧实，更容易扎制紧实，防染纹理更实；干布不容易聚得紧实，可以产生一定的渗染防染纹理；渗染的虚实效果，可以根据需求来控制捆扎的力度。

（6）在缝制后的抽拉操作时，要顺应抽拉的趋势进行梳理、整理，才能保证纹饰通过正常的染色后得以完美呈现；缺少梳理、整理的操作，就很容易造成纹理缺少条理性的染色效果。

（7）折叠扎制，需结合布料的渗透能力、图形比例、夹板的压力等因素来设定折叠层数，确保染料在染色过程渗透到位。

在这个缝制、扎制工艺的过程中，每个人都会遇到不同的问题，这里也无法将所有的问题一并提出并给予解答，在操作过程中沉着应对、处理所面临的问题，通过深入理解物性、依循物性、契合扎染的工艺原理，才能构建出契合自己的操作手法。

四、扎染的靛蓝染色过程

建缸可查阅第一章的建缸方法。初学者和课程使用靛蓝建缸，建议使用工业建缸法，因为传统建缸染液体积（条件）所需配置受场地空间的制约，无法正常满足高密度、高频率的染色学习使用。

扎染相比较其他三种染色工艺（蜡染、夹染、型染），有以下不同之处。

（1）扎制品染色前，需清水充分浸泡使纤维更容易上色，大约10分钟沥干水分待染。

（2）为了满足丰富的色阶需要，可以配置浅色蓝缸和深色蓝缸以区别使用。我们将扎制好的白布由浅蓝缸起染：①入染缸染10分钟为一次染色，取出染缸氧化10分钟，为一遍染色的基准单位。②如果得色与前一个色阶白布达到预期色阶对比，就可以进行第二步扎制防染操作保留一部分这个色阶。③再入缸染10分钟，出染缸氧化10分钟，如果得色与前一个色阶白布达到预期色阶对比，就可以进行第三步扎制防染操作保留一部分这个色阶，以此类推完成所有预期的色阶防染（图2-4-2）。保留色阶的明度浅时，重复①的步骤，初学者缩短染色时间，进行多次套染的方式，能够有效地控制色阶明度的递增。完美的色阶关系是需要丰富的经验、观察、记忆及预判能力才能实现。如果后一个色阶与前一色阶的对比关系过大，操作将不可逆，所以在对色阶控制没有经验的情况下，可以移动遮挡部分进行比较，以便于更好地观察判断色阶关系。我们制作色阶防染时，需提前将要使用的材料进行色阶实验的小样制作，因为缸的深浅不是恒定的，温度、季节因染色时长要求不同，所得色度也不一样；材料的材质与密度对染色时长也有不同要求，得色是需要小样进行确认的。因此，只有通过小样实验才能得到控制依据，更好地完成色阶的染制。色阶表现的控制能力和实现，是扎染纹饰的重要环节，直接影响扎染成品的气氛渲染、风格品质。

 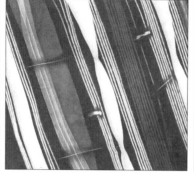 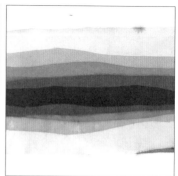

（a）分次遮挡防染　　　　　（b）不同材料分次遮挡防染　　　　　（c）分次遮挡防染

图2-4-2　浅蓝缸分次遮挡进行防染染色形成的丰富色阶效果（图片来源：青舍染艺课程实验性习作）

（3）染色时长与得色明度成正比，材料的密度和厚度在同等染色时长与得色明度成反比，扎制的松紧与渗透得色成反比；染色时，一定要养成小样试色的良好习惯，以便于更好地把握得色的明度控制与染色时长，建立对应的量化标准系统。

（4）靛蓝染色的量化数据，必须建立在特定的材料、特定的染液浓度标准、扎制的松紧、得色的明度要求等基础上，自行建立适用不同需求的量化系统；不存在标准的适用于个人所需要的现成量化系统。

（5）在基本色阶完成后，使用深蓝缸可以便捷快速增加蓝色深度的实现。

（6）染色3次时，清水冲洗一下扎染品在染液里粘上的浮色杂质，便于接下来能更好地吸附上色；控水后再进行染色程序。

（7）由于靛蓝染料的特性，染色时，需要充分拨动扎制品没有捆扎的部分，同时挤压捆扎部分排出其中的气体，使染液更好地接触材料，利于吸附上色。挤压和翻动时，要沉入染液中操作，被染织物如不能完全沉入染液则容易形成色斑。

（8）丝、毛织品染色时pH为8～9；染棉时pH为10～11；染麻时pH为11～12。

（9）工业建缸法，单次染色时长不要超过20分钟，否则染深色时会出现色减现象。染色时，需佩戴手套在染液中进行操作。

（10）单色染制靛蓝时，染次不要低于5次，染次对色牢带来一定的保障。

五、染后处理

查阅第一章第三节中的染色后面料处理。

六、成品后整理与使用

查阅第一章第三节中的成品后整理与养护。

我们在开始学习扎染之际，可以同步理解传统四缬的关系、原理及各自的特色，以便更好地理解、学习扎染工艺，产生关联启发的思维拓展。

作为本章主角的扎染，是传统四缬中最需要思维逻辑能力的工艺。它没有明确的规制，操作手法变幻多端，自然纹理难以预设，极富天工。扎染工艺原理（图2-5-1）犹如一个开放的电脑操作系统，可以自由开发构建自己独立的程序，淋漓尽致地发挥创造力。

在理解材料属性、工具的运用及染料的特性等基础上，依循原理进行关联性推演，才能摆脱原有固化的
定式思维模式创造力是离不开头脑的自由联想和百折不挠的践行论证

图2-5-1 扎染的基本原理示意图（图片来源：张湜）

在学习与实践的过程中，学习者要尽可能调动独立分析的能力，运用解构思维理解、分析、解决问题，培养推演能力：①每一种方法的操作，都要去分析成与因的关系和作用。②论证任何一种操作程序、工具、手法是否可以转换，并能运用到实验性的探索之中。③不同材料染色的实验，获取材料的物性数据。④关联日常生活中事件和事物形态、跨学科认知是否可以引入扎染系统之中带来推演的启发。⑤单一技术方法的变量、组合、叠加实验。⑥不同技术方法的组合构建的论证实验，等等。这些通过洞察、分析、联想、关联等方式所获取的启发性因素，是创造性思维的启示，将这些元素、因素导入可行性实验之中，通过实验论证进而推演出最优方案，也是技术的推演路径。在这个过程中，永远不要忽略对材料、工具、染料、工艺程序、工艺原理等物性的探究，保持万物联通的全息观念（开放、包容的思维状态），久而久之即可通晓原理，达成推演的思维能力。

一、扎染的具体扎制方法

根据实践总结，同时结合中外的技术方法定义，笔者归纳出扎染的基本原理如下："遮挡与压力调控干预染液的渗透，推演着扎染的丰富表现。"

世间万事万物瞬息万变，变的是形式、形态，在扎染中就是技术方法和表现效果的变；

但"万变不离其宗"直指生发之法的原理机制的不变；这就是为什么我们要在学习之初，首先需要理解材料与工具的属性与特性，是它们构建了原理机制的底层逻辑，通过工艺技术方法的学习进而掌握原理机制，实现真正的学习目的。在学习过程中，我们将探寻其间的秘密，在变量思维推演下的原理"魔法"。

基本的扎染技术分类如图2-5-2所示。

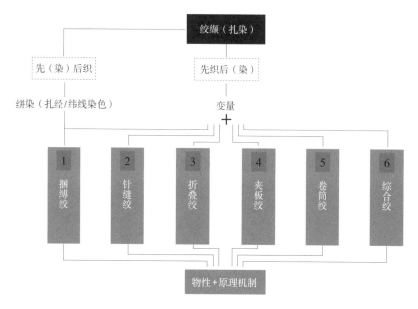

物性是原理机制的基本，原理生成技术方法，技术变量思维是推演的根本之法

图2-5-2　扎染的基本原理示意图（图片来源：张湜）

在接下来的技术方法学习的过程中，学习者不是去记忆一个操作程序，而是尽最大可能洞察、记忆每一个操作动作，同时理解、解析不同材料和工具的物性及对应操作的最终结果关系；这是掌握物性因素如何通过原理机制实现技术方法的核心内容，是摆脱僵化技术招式的要领所在，为可能性的变量思维奠定基础。

变量思维，可以理解为施加变数后带来可能的思维方式，为进行实践论证提供前提条件。通过简单、基础案例的学习积累，更容易进行大量的变量实验，这是一个逐步由量变到质变提升的学习过程。变量思维是具有"生长"特性的，扎染技术推演的发展就是"变量思维"形式的呈现；传承的本质就是让传统技艺重归"生命"（发展）演化的过程之中，进入一种类似自然"生长"的状态。

（一）捆缚绞

捆缚绞，是通过捆扎的方式进行固定或绑定来实现防染的方法，依据起源传说和世界各地早期技术存物，可以推测这应是最早、最原始的扎染技术方法，也是日常最简单、最基本的操作方式。

捆缚，概念本身带有狭义性，但同时也具备广义性。学习的初期，只能通过有限的技术方法和被归纳的概念内容进行理解和学习，这就必然带有偏颇的狭义性；如果不能具有敏锐的觉察能力，就会潜移默化地在思维意识中进行概念的边界框定及技术方法的固化，误以为这就是技术方法的全部，这正是范式思维僵化的根本原因。那该如何去理解、运用其方法概念？首先，不要对捆缚形态、形式及材料有任何限定，当对这些因素进行改变（变量）时，并不妨碍防染原理的正常发挥；其次，工具也不要具体化其特征，因为使用的是其功能，便可自如置换工具和方式。就这样简单地让"捆缚"的概念具有了广义性，固化的概念与僵化的技术方法瞬间就得以"解放"，这不仅是变量思维的条件，也是推演应该具备的思维方式之一。

捆缚绞，不仅是一种技术方法，也是其他技术方法都离不开的捆扎固定功能。每一种技术方法之间都不是孤立存在的，而是紧密关联着，呈现出广义的全息认知，这才是概念与技术的本来面目，如此学习才能领悟"生发之法"。

通过解构的综合分析，捆缚绞隐匿着的技术构建演化依据与原理信息将被获取，同时也能充分佐证它是扎染工艺创始点。

1. 工具

捆扎所使用的线型，不限于所提供的类型（图2-5-3），可以自行拓展。图示提供线型不仅粗细不同，属性也是不同的：①这里有的线是不能被染色，所以可利用这个特性在分次套染时协助辨识；②粗细不同能产生对应的防染表现力；③有的线可以渗透颜色，一次染色可以获得不完全防染而形成的渗透色阶；④线可以被改变其原有的形态，再进行使用，增加其线迹的表现力。在实践的过程中，仔细观察体会材料、工具的特性（物性）与作用，如此学习者将被触发、引导变量思维的发生。

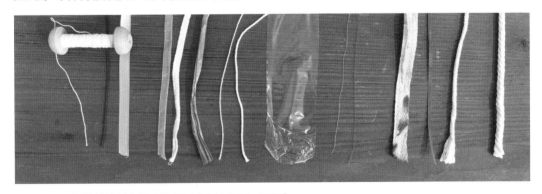

图2-5-3　捆缚绞的基本用线示意图（图片来源：张湜）

辅助完成捆缚的工具，可以在理解的基础上，进行仿制或选择替代即可，灵活解决功能使用。图2-5-4（a）中的工具和图2-5-4（b）的工具彼此可以替代，后者更容易配置；图2-5-4（c）的工具和图2-5-4（d）的工具适用于勾扎方式的使用，功能有所差别，熟练操作后效率极高。

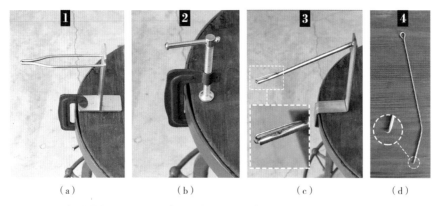

图2-5-4　捆缚绞的工具示意图（图片来源：张湜）

2. 基本方法案例详解与示意

（1）案例一：这是最原始最基本的方式演变而来，由工具勾扎的方式替代了原始的揪扎，实现了操作的便利，同时使效率大幅提升。工具的出现与改进是对工作操作方式理解后进行替代转换。图2-5-4（c）、图2-5-4（d）中工具的操作方式也被称为"勾扎"法（图2-5-5）。

图2-5-5　捆缚绞案例1（图片来源：张湜）

（2）案例二：如图2-5-6所示捆扎部位的位置选择，是最基本的变量应用。

图2-5-6　捆缚绞案例2（图片来源：张湜）

（3）案例三：如图2-5-7所示是捆缚绞最小单元的制作方法，这种专属工具的出现，使揪扎的点单元推演发展到最小化，是鱼子缬制作的必备工具之一。

到本案例截止，以上三个案例我们就具备进行比较理解的条件了，找出呈现效果异同点的操作，进而分析产生异同的原因，构建起变量思维的雏形，例如大小的变化、捆扎宽度变化、反向进行捆扎（制作底防染的方式）等变量方式的尝试，是学习该有的正确进行方式，而不是简单地去拷贝操作流程和机械操作。

收尾打结的可选
方式两次

图2-5-7　捆缚绞案例3（图片来源：张湜）

（4）案例四：在早期扎染的演化过程中，已经可以看到随意捆扎所产生的褶皱，被推演出规律式折叠的方式，如图2-5-8所示是史料中所记载的"醉眼缬"的技术方法。在进行本案例实践操作时，分析随机的皱褶操作转化为规则的折叠方式的变量关系。尝试能否在此基础上，结合所学案例推导出新的折叠（变量）操作并进行试验呢？史料中的"醉眼缬"是依据纹饰形态来命名，因神似醉酒半眍着的眼睛而得其名。从技术角度分析，一个新的技术形式——折叠方式被推演出来。不难发现，微妙的量变操作可帮助学习者轻松走出范式的束缚，可见变量思维对摆脱技术教条的刻板所起到的重要作用。

收尾打结的可选
方式两次

日本正仓院藏

图2-5-8　捆缚绞案例4（图片来源：张湜）

（5）案例五：本案例与案例一效果类似，区别在于勾挂住织物后，需要人为细致且有规律地进行褶皱梳理再进行捆扎，最终可以得到均匀的褶皱纹理（放射纹）与绕线均匀规律的精致细节表现。扎染发展到这个阶段，已经有了条理化、疏密构建等思维方式来实现变量手法的操作控制；从粗放到精致细腻的技术操作，人们可以自如地进行选择；此种操作工艺与表现在日本被称为"蜘蛛绞"（图2-5-9）。

（6）案例六："段染"法，是对捆扎方式的变量推演，通过一次性操作就能实现多变的分段染色效果（图2-5-10），或称此为"单色段染"法。

图2-5-9 捆缚绞案例5（图片来源：张湜）

图2-5-10 捆缚绞案例6（图片来源：张湜）

（7）案例七：如图2-5-11所示，是利用"段染"的原理，分次分段进行染色，逐次加深颜色实现不同色阶表现，蓝染通过构建不同色阶的方式也可以实现丰富的色彩表现，此种手法称为"套色"段染。如果是不同色相套染就可以实现更丰富的色彩表现，还可以得到随机的调和色，只需由色阶转换为不同色相的方式即可实现。变量思维同样可以植入染色程序之中，产生新的量变；操作方式的变量思维是"如果不这样，可不可以那样"等思维方式来尝试寻找新的可能性，当论证可能性的实验达到量级，推演与演化就会"水到渠成"。

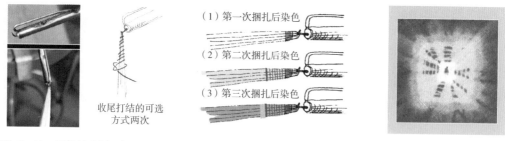

图2-5-11 捆缚绞案例7（图片来源：张湜）

（8）案例八：裹物法是捆缚绞的引入性拓展（图2-5-12），是借助关联思维的方式，由捆扎形态导入外部元素实现的技术变量；技术方法本身的推演在一定程度上来讲非常有限，属于技术的纵向推演。除了技术方法本身之外，所有一切皆属于技术的广义范畴；只有通过对形态、属性、功能、原理等因素的分析、关联，才能驱动"新"的技术元素介入，原技术方式将在实验论证中产生推演。

（9）案例九：在案例八的基础上，可以进一步地去推演（图2-5-13），将黄豆置换为自制线球，构建一个有弹性的替代工具，这样可以增加摩擦力，缠绕到上面的线不会在染色过程中滑开。该案例就是在对物性的理解基础上，所构建出的变量推演。

（10）案例十：当你看到本案例时（图2-5-14），是否已经可以深谙推演的变量思维？这些基本推演思维训练是变量的根基，是宏大构建之源，犹如涓涓细流终将汇成江河一样，每一个案例的训练都可以有效塑造你的推演思维的底层构建，会源源不断地触发灵感的涌动，也终将会辅助你，在未来释放出你现在还无法想象和感受到的能量。

黄豆

图2-5-12 捆缚绞案例8（图片来源：张湜）

自制线球

图2-5-13 捆缚绞案例9（图片来源：张湜）

图2-5-14 捆缚绞案例10（图片来源：张湜）

（11）案例十一：本案例（图2-5-15）可以充分佐证仅仅靠思维的推导，是不能推导论证结果的，只有通过探索性的实验论证，才能得出有效的结论。这种偶合的结果，看起来似乎有违原理机制。当我们对案例进行解构分析时，发现是布的弹性属性在拉力的作用下，使均匀的密度被改变而产生一个物理性的疏密变量，不同密度又对染液的渗透力产生不同的得色率，形成了这种特殊的防染染色效果；这只是一个关于材质密度的因素变量，是原理的压力作用的特殊呈现。本案例告知我们，仅依靠已知经验的认知很难推导出未知的结果，只有在大量可能性实验和探索中，才能获悉不同物性在不同条件下所产生的变量特性；不被经验束缚、固化，这也是实现推演的可持续性条件。

图2-5-15　捆缚绞案例11（图片来源：徐新玉提供的实验性习作）

（12）案例十二：但凡学习过一段时间的扎染似乎都会认为随性随意、粗犷不羁而又难以驾驭是它的特性，但实际并非如此的。

狭义的技术学习只是特定的操作流程、操作手法、操作规则等内容的学习，类似范式的公式模板套用；但从广义来讲的技术学习还应该包括产生技术的内在逻辑、原理、物性的作用及技术产生推演的因素、条件、原因的学习（生发之法的学习）。图2-5-16案例是在前面案例的基础上，进行了操作手法的变异操作，也是变量的推演思维方式之一。标号1效果有明显的粗放特征，案例是30厘米幅的布制作的，如果是100厘米幅以上就会出现大面积被

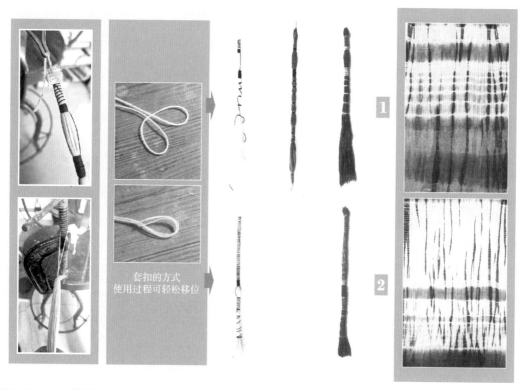

套扣的方式
使用过程可轻松移位

图2-5-16　捆缚绞案例12（图片来源：张湜）

裹在中间而染不到颜色，效果会呈现更加粗放的结果。这里给出了比例变量因素的提示，推演并非简单的主观驱动，而是感知或认知驱动产生的，是物性使然的结果。标号1随意的撮起捆扎和标号2细心梳理优化的捆扎，从粗放到精致所发生的操作变量，只是我们在遵循物性之际才能产生的结果。这种手法在传统染色时，所使用的手织布宽为350～450毫米，标号2案例的精致化操作可以实现；但现在的机织布都是900毫米以上的幅宽，即使再精心梳理，在捆扎时也避免不了大部分会被包裹在中间而无法染上染料的情况。变量催生变量的推演，布的尺寸被改变，原有技术操作要领即刻失灵，失效的是僵化的范式而不是技术操作本身；前面所学到的案例中就有解题思路：比如如何在捆扎时解决部分被包裹而不能有效接触到染液，造成大面积无染色效果的问题。前十一个案例中，就有关联的解决方案。"大道至简"低阶已经蕴藏着高阶信息，只有通过从低阶解构读取这些高阶信息，就会自然进入所谓的高一个层级的认知模式之中。学习本身也是一门技术，真正意义的学习应该是一门学习技术底层构建的技术，对每一个细节、每一个环节因素及其彼此的相互关系深入观察、分析与探究，并能通过量级试验的论证过程，不是简单的模仿可以实现的。简单、基础的案例训练，更容易触及推演的便捷之道。

（13）案例十三：如图2-5-17所示的"搓揉"法（云撮染）是由相似揉搓的方式关联而来的称呼，通过使用堆、推、挤等类似的方式进行操作，再进行捆扎，捆缚形态由关联形态转化而来，为形态变量的构建方式。在基本的技术形态下，材料选择的变量、捆扎手法的松紧变量、染色时长的变量、色彩选择的变量、色阶构建的变量、技术叠加的变量等，这些无限变量是基于对物性的属性、特性理解的基础上，产生对"弹性"区间进行的有限操控行为（图2-5-18）。由关联思维所带来的推演，是一种非常重要的思维方式，不仅是丰富想象力的体现，而且也是带来变量思维的触发因素。有了对物性的充分理解才能关联万物进而塑造创造性的推演能力。

（14）案例十四："绵染"或"绵织"（Ikat），经纬线都可以通过捆缚绞"段染"的方法，进行染色再织造成有花色的布匹。世界多地都有此种织造工艺，中国以扎经染色为主的现存生产地区有：海南黎族地区（图2-5-19）；新疆的喀什、和田两地区称为"艾德莱斯绸"

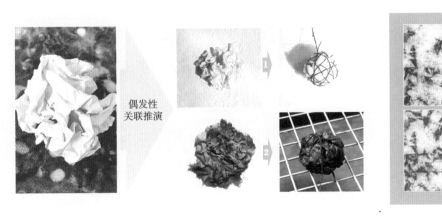

偶发性
关联推演

图2-5-17　捆缚绞案例13（图片来源：张湜）

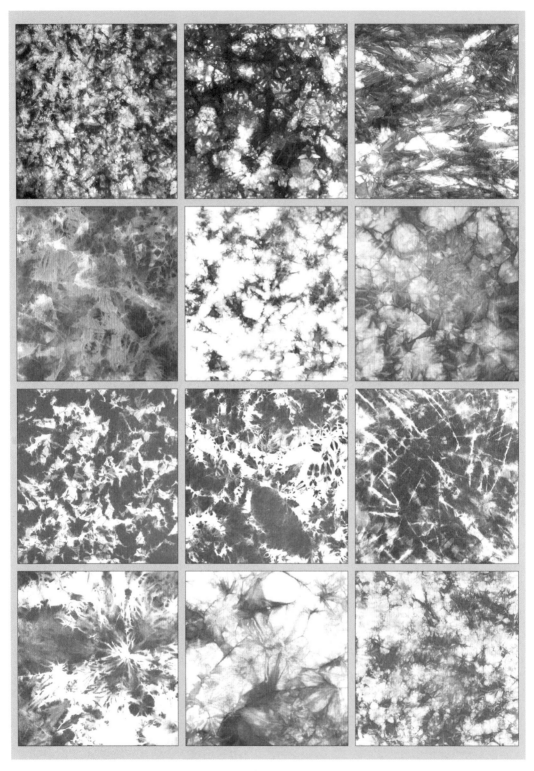

图2-5-18　捆缚绞之"搓揉"法案例的变量推演（图片来源：青舍染艺课程实验性习作）

（图2-5-20），"艾德莱斯"在维吾尔语中意为"飘逸、抽象"的意思。这不是作为一个技术案例来使用的，而是提供给学习者去理解关联思维带来的技术跃迁，由迭代升级进而分离成为织造的一种技艺类别，成为织造的一种辅助技术；今天所见的所有高科技无不是从传统技艺变量过程中，不断地实现技术跃迁而产生。

图2-5-19　捆缚绞案例14：绗染（中国—海南黎族）（图片来源：海南日报网，拍摄于北京东韵丝绸文化艺术馆）

图2-5-20　捆缚绞案例15：绗染（中国—新疆"艾德莱斯绸"）（图片来源：搜狗图片）

3. 画面构建的基本原则

或许你从没有学习过设计专业，甚至还会自认为缺失美学的系统学习，但事实上这并非如此重要。你出生之际就已经在学习的场景之中，并潜移默化地进行着学习，所以不必过分担心自己没有艺术、美学基础的训练，你只需从此刻进入自觉性即可，也可以构建出具有原生性的美学系统与设计系统；这里提供出可供参考的基本原则。

（1）"排列组合"法：排列组合是组合学最基本的概念。所谓排列，就是指从给定个数的元素中取出指定个数的元素进行排序。组合则是指从给定个数的元素中仅仅取出指定个数的元素，不考虑排序。排列组合的中心问题是研究给定要求的排列和组合可能出现的情况总数。借用这个数学的概念来表述复杂的纹饰构建设计，如果你还是不能理解，你也可以这样去尝试：26个英文字母，可以组合成任何一个单词，有了单词量就可以构成一句话以及进行语言的自由表达了；如果你没有经过专业的设计训练就可以按照这个原理去构建你的技术与画面设计，并不断去优化与校正自己的设计语言。

（2）元素变量法：变量或变数，是指没有固定的值，可以改变的数或量。在这里借指可控制程度量的变化，比如捆扎的力度大小的控制、图形元素的比例大小、纹饰的变化、行距的大小、颜色明度的对比等。在使用"排列组合"的方式构建画面时，同步结合变量思维的应用，无限的构建就可以轻松满足日常的设计应用。捆缚绞中的基本元素图形（菱形点）技术，已经足足演绎了近两千年之久了，其形式表现力、技术操作的推演就是变量的具体应用。如果还是不能体会"大道至简"的变量（推演）方式，只能说明深度思考和深度学习在你的学习方式中还没有发生，原因在于"按图索骥"的范式思维作用下所产生的制约。现提供一个简单的变量构建方式（图2-5-21）作为参照，尝试着去解决画面设计

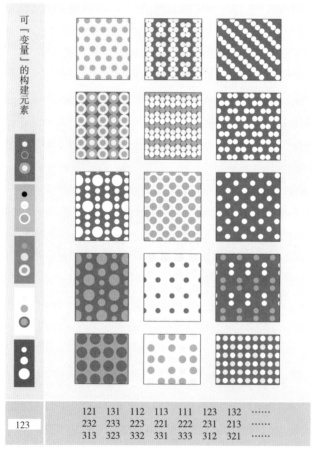

121	131	112	113	111	123	132	……
232	233	223	221	222	231	213	……
313	323	332	331	333	312	321	……

图2-5-21　捆缚绞元素排列组合的构建方式（图片来源：青舍染艺课程实验性习作）

与构成的专业性问题，也一样可以实现。图中每一个元素图形都可以被替换成捆缚绞的任何一个纹饰元素，变量就是如此无穷无尽地实现着画面的推演和构建。

（3）"排列组合"+元素变量的实际应用：图2-5-22～图2-5-24是元素纹饰、元素大小及不同元素综合构建等变量的排列组合方式。变量思维将贯穿画面构建和整个技术系统，它不仅是设计手法，更是一种思维的拓展方式；这种思维也贯穿于技术演化的逻辑之中。

图2-5-22　捆缚绞（排列组合）单一技术元素构建（元素变量）1（图片来源：郝雅丽提供）

图2-5-23　捆缚绞（排列组合）单一技术元素构建（元素变量）2（图片来源：Pinterest网）

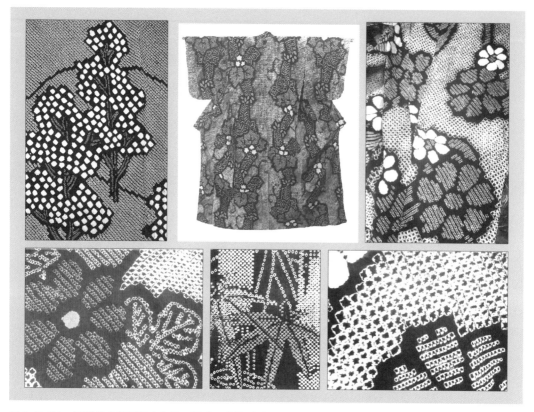

图2-5-24 捆缚绞（排列组合）单一技术元素构建（元素变量）3（图片来源：Pinterest网）

（4）实验性实践：是推演思维不可或缺的论证阶段，是对在学习和实践过程中获取到感性认知的求证方式。思维的推演能力并不是由思维逻辑直接产生的，而是源于我们在学习和实践的过程中，对材料、工具、染料等物性及原理的认知提升，在这个基础上所激发出的可能性念头，才能促使构建的逻辑思维被打开、产生、拓展。这些关联、想象的念头只有通过大量的实验才能得到最终的确认，同时要在实践过程中谋求多线路的求解路径，再经由推敲、修正、优化等过程，最终被转化为有效推演。推演的思维方式是在大量的实验与实践论证的探索过程中获得的，积极调配敏锐的洞察力、深度的解构、综合分析等感知能力，才能"灵光一现"。

（5）个人差异化：在学习和实践的过程中，个人的差异化很容易被范式化的范本、规范、量化系统等无情地抑制与"摧残"，同质化的效应被无休止蔓延；虽然追求学习效率和工作效益本身并没有问题，但是还处于稚嫩的学习阶段，个人化差异的创新思维很容易被范式思维所替代，这正是同质化的症结。本书正是有所针对给出了学习方式的参考与解决思路，避免不良的学习习惯养成以及最大化地调动个人差异化的创造性（图2-5-25）。

图2-5-25 捆缚绞个人差异化的呈现（图片来源：青舍染艺课程实验性习作）

（二）针缝绞

针缝绞，顾名思义就是利用针线去制造遮挡实现防染的技术手法，针缝也是描绘勾画具体图形的技术手法，至此应该说扎染工艺发展有了根本性的飞跃，这种技术的出现也是由关联思维的推导而出现的。缝线的可直可曲被发现者关联到捆缚绞无法直接解决图形的技术难点，实现了对原有技术状态的突破。

如图2-5-26所示为针缝绞的基本串缝（行针走线）形态，这里仅是几种形态的示意。变量思维可以帮我们推演出无限的形态组合，针脚的长短大小变量，就可演化一根线的不同构建，而这些不同特点的针脚又会对染色效果演化提供变量的发生。

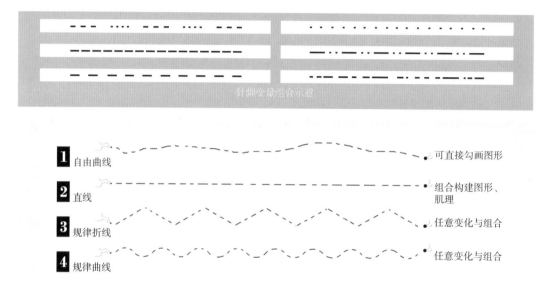

图2-5-26　针缝绞基本的串缝（行针走线）形态（图片来源：张湜）

针缝绞有两种基本图形构建模式：一种模式就是直接使用行针走线，利用缝线勾画出图形，完成意图后抽拉打结固定形态，染色后完成图形表现的直接方法之一。另一种模式是肌理构建，可以利用有规律或无规律的行针走线，按照一定的规律进行组合，完成意图后抽拉打结固定形态，形成有一定规律的肌理效果的防染染色方法。利用不同的行针走线组合就可以构建出无穷无尽的肌理纹饰表现，简单的变量思维就可以让你轻松自如地构建出具有自我风格的肌理纹饰，再与具体的图形构建相结合，原创的基础构建就可以达成了。

1. 工具

针缝绞的基本工具包括：针、缝线（不同颜色、不同特性）、剪刀、拆线器、圆规、尺子、裁纸刀、水解笔等（图2-5-27），根据自己需求可以进行无限的拓展。

2. 基本方法案例详解与示意

（1）案例一：肌理构建是缝线排线的方式名称或基本组合，一上一下或一下一上走针称为"一针"，连续行针就构建出线迹，此线迹称为"串缝"；"一针"为点，"串缝"就是由点

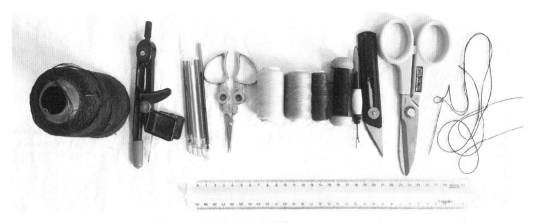

图2-5-27 针缝绞需使用的基本工具（图片来源：张湜）

构建成为线的方式称谓，由"串缝"组合就可以构建成面，"串缝"的不同（变量）组合方式可创建无限丰富的肌理染色效果，变量的思维方式将使扎染表现能力不再匮乏。直线形态的变量还可以通过组合方式实现，组合方式参考图2-5-28。不同组合的训练，就像七巧板、乐高积木，在变量的方式方法中体会所带来的推演奥妙，这种训练对推演和构建的逻辑提升有着非同寻常的意义。从一条缝线开始，可以进行专门的针脚变量练习（图2-5-29）。在充分考虑起始和收尾的问题之后，可以根据自己的需要进行选择，建议初学时使用双股，避免"顾头不顾尾"问题，解决抽紧无法打结的不合理操作。扎染是一个时时刻刻都要求你注意关联操作的技术，否则就会落入"顾此失彼"的窘迫状况。如图2-5-30所示是对布料进行一次或两次折叠后，进行"串缝"，即可抽线拉紧打结，再进行染色完成工艺。折叠后"串缝"的手法，也是图形的线条表现所使用的技术方法，表现效果极具特色。如图2-5-31所示为卷缝法，在传统扎染中，也是被用作线条的表现，在非洲的扎染中被大量使用，已演变成为非洲扎染的地域特色。卷缝法不仅可以表现线条使用，也可以根据图形进行卷缝，实现面的表现。裹线卷缝法（图2-5-32）是卷缝法的变量衍生，同样用作线条的表现。这里有一个非

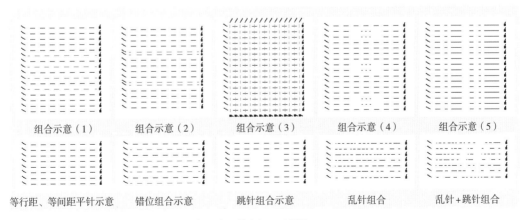

图2-5-28 针缝绞排线变量的组合示意图（图片来源：张湜）

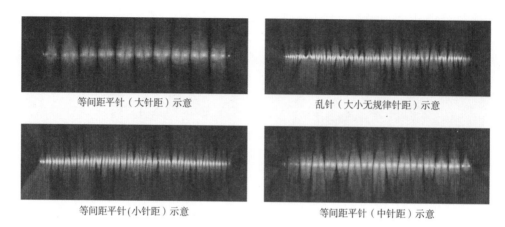

等间距平针（大针距）示意　　　　　　乱针（大小无规律针距）示意

等间距平针（小针距）示意　　　　　　等间距平针（中针距）示意

图2-5-29　针缝绞之串缝的针脚变量（大小、宽窄、疏密的变化）示意图（图片来源：张湜）

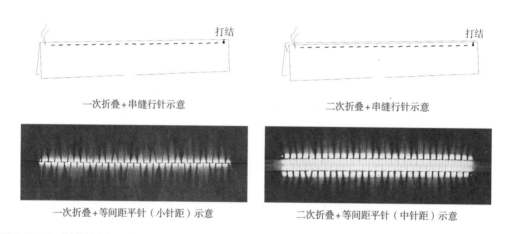

一次折叠+串缝行针示意　　　　　　　二次折叠+串缝行针示意

一次折叠+等间距平针（小针距）示意　　　二次折叠+等间距平针（中针距）示意

图2-5-30　针缝绞之折叠变量的串缝示意图（图片来源：张湜）

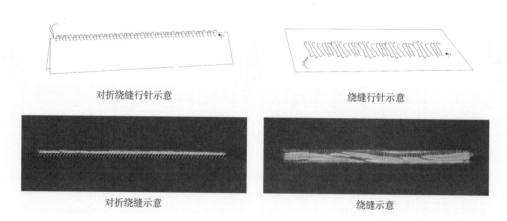

对折绕缝行针示意　　　　　　　　　　绕缝行针示意

对折绕缝示意　　　　　　　　　　　　绕缝示意

图2-5-31　针缝绞之卷缝法的示意图（图片来源：张湜）

裹物绕缝行针示意

裹物绕缝（裹物面）示意

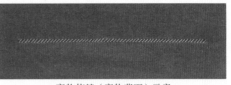

裹物绕缝（裹物背面）示意

图2-5-32　针缝绞之裹线卷缝法的示意图（图片来源：张湜）

常有趣的现象，布的正反两面形成了截然不同的防染效果，是不是我们同时就可以拥有两种表现方法的能力了？这也提示我们不仅要关注操作，还要保持着敏锐的洞察力，有所发现是推演不可缺失的因素。偶合或偶发的节点时刻，常常都会转化为技术推演的可遇不可求的契机，这是因为我们的思维方式与逻辑推导能力都离不开具体事件的启发，不会凭空产生。如图2-5-33所示是串缝的套色表现，只是将蓝染色阶方法置换为套色即可实现。图中是单针（一针方式）实现的线条效果和串缝实现的线条效果对比，行距不同对染色效果的对比。通过这种类型的实验练习，可以实现在不同层面对物性的理解及对应的量化数据积累，同时可以建立个人的数据库。不同的材质、织造密度、染色时长……任何一个微小的变量因素都将导致量化数据失去依据作用，所以在你正式进行染色操作前，需要进行实验性打样来论证，才能确认技术数据的有效方案。扎染需要你有更多的认知方式，画面纹饰构建跟跟版画的成像方式非常相似，正向和反向的成像方式；串缝的横向走线形成的肌理纹路会以纵向方式来呈现，这是串缝组合不可忽略的技术要点，以免画面纹理方向与预期构建出现不匹配（图2-5-34）。如图2-5-35所示为一些排线染色后的效果案例图。

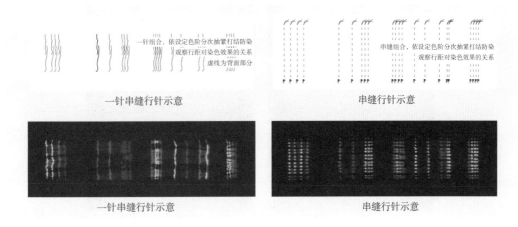

图2-5-33　针缝绞的变量比较示意图（图片来源：张湜）

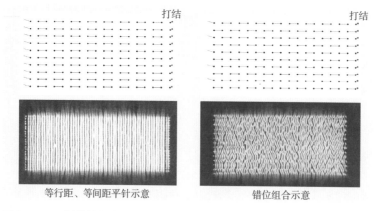

图2-5-34 针缝绞之串缝组合的方式示意图（图片来源：张湜）

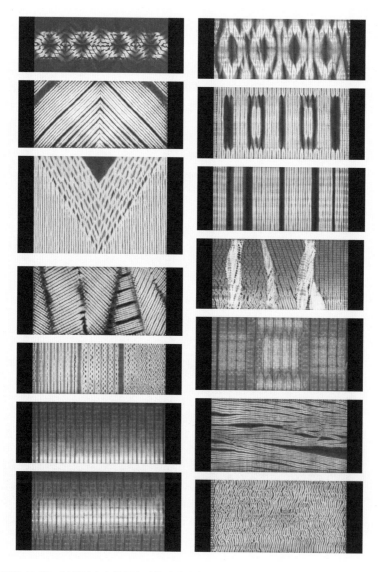

图2-5-35 针缝绞之串缝组合（构建能力）的基础练习示意（图片来源：张湜）

（2）案例二：针缝绞的图形基本构建法之一，如图2-5-36所示，沿着图形缝线，抽紧捆扎即可获得图形的技术。针缝绞也可以如捆缚绞图形进行构建一样，通过缝线的组合来构建出带有不同肌理的构成图形（图2-5-37～图2-5-40），新的变量因素带来了新的表现手法的构建逻辑，使图形表现更丰富、更具特色。画面的构建，可以参阅优秀作品来获得

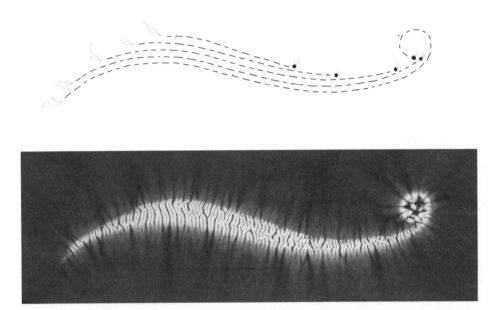

图2-5-36　针缝绞之串缝构建面、图形的示意（图片来源：张湜）

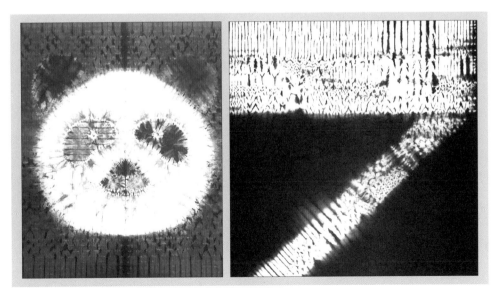

图2-5-37　针缝绞之多种串缝组合的综合构建示意（图片来源：青舍染艺课程实验性习作）

图2-5-38　针缝绞串缝组合的综合构建示意（图片来源：[美] Carol Anne Grotrian）

启发，利用解构的思维读取图形构建的方式，学习到他人丰富的表现方式；此刻不要简单机械地效仿，而是在解构出的元素、条件数据、构建逻辑的基础上，进行变量，进入个人设计构建的论证过程，既论证了解构思维的理解程度和构建尝试，又能获得个人实验数据的积累；这才是塑造你个人风格的训练方式，有效杜绝成为学习的"复制品"。

图2-5-39　针缝绞之串缝组合的图形构建表现法示意1（图片来源：青舍染艺课程实验性习作）

图2-5-40　针缝绞之串缝组合的图形构建表现法示意2（图片来源：青舍染艺课程实验性习作）

　　（3）案例三：串缝压线法，与其他针缝绞的区别是只利用缝线压力，无须抽拉捆扎就可实现防染的技术手法。它是近现代衍生出来的一种压线技术手法，可以分为：手工串缝压线、机缝压线。这种技术与夹板绞的原理有着"异曲同工"之妙，就是利用缝线带有的压力作用实现的防染技术，也是演绎推导出"夹板绞"技术的原理出处之一。①手工串缝压线法原理非常简单，就是在大量的实践中，发现缝线压力有着防染作用，线被转化为夹板效应的技术方法，演化成独立的技术表现（图2-5-41）。在这个技术演变中，揭示了观察、发现、分析的解构能力的重大作用，技术推演的契机常常就是在那里静静地等待着被你看而能见的时刻。手工串缝压线法的工艺技术创始与代表人物为日本的片野元彦（Motohiko Katano），如图2-5-42所示为他的作品。在对物性深度理解的基础上，他随心所欲地驾驭着压线图形与渗透、压线距离与渗透、折叠厚度与渗透的控制，折射出的是一代极具匠人精神的存在。②机缝压线法（Machine Sewn-resist）随着缝纫机的出现而产生，大大提高手工的效率问题（图2-5-43～图2-5-45）。从操控方面来看，手工串缝高度的自由性依然有其存在的价值。传统的生产方式被替换，时代所带来的新技术工具为演化带来了可能性与推动条件。也可以说是"万物互联"的观念带来了技术推演；只有具备了开放、兼容并蓄、与时俱进的思想，才能为传统技艺的推演创造条件，这也是优秀的传统技艺可以传承发展至今的原因，具有高度时代的契合性正是它的生命力"体征"。

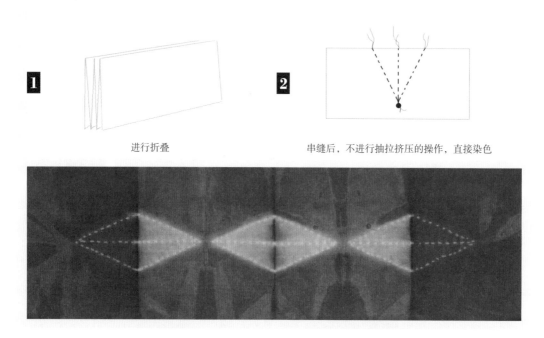

图2-5-41　针缝绞之手工串缝压线法的基本原理示意（图片来源：张湜）

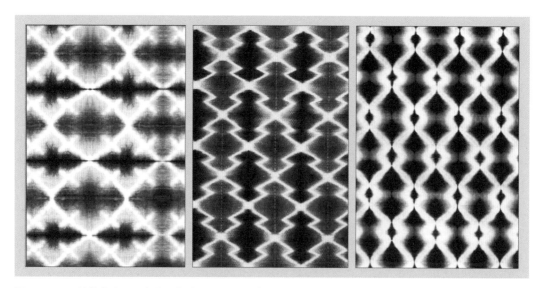

图2-5-42　针缝绞之手工串缝压线法的表现示意（图片来源：[日]片野元彦）

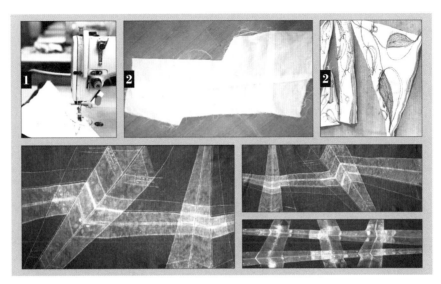

图2-5-43　针缝绞之机缝压法的基本原理示意（图片来源：张湜）

图2-5-44　针缝绞之机缝压法的效果示意（图片来源：郝雅丽）

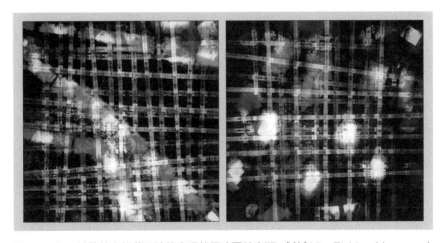

图2-5-45　针缝绞之机缝压法的表现效果（图片来源：[美]Kim Eichler-Messmer）

（4）案例四：如图2-5-46所示为梭织排线法，当代美国纤维艺术家Catharine Ellis是梭织排线法工艺（Woven shibori）的创始人（图2-5-47），原理就是将针缝绞的串缝组合构建方案，通过梭织过程中将其编织于其中；它是又一次技术迭代的发生，与绛织都有着相类似的技术跃迁。

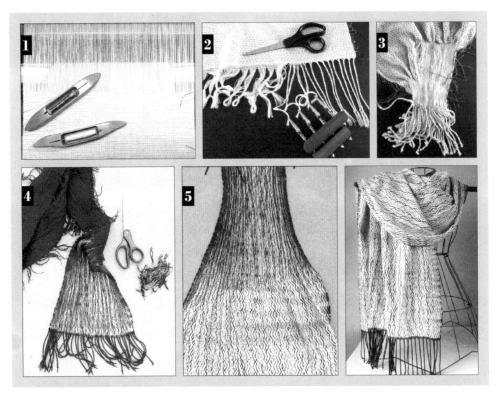

图2-5-46　针缝绞之梭织排线法的基本原理示意（图片来源：redstoneglen网）

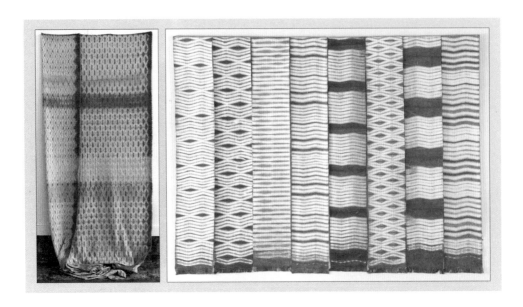

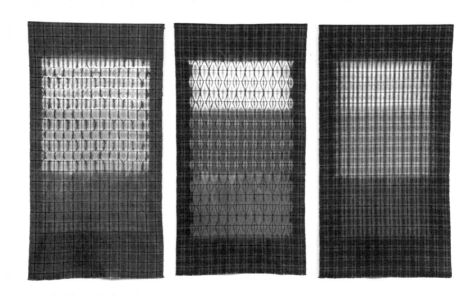

图2-5-47　针缝绞之梭织排线法的作品（图片来源：[美] Catharine Ellis）

（三）折叠绞

折叠绞，由传统基本折叠拓展而来，准确地讲它是一种无法独立存在的技术方法，必须匹配相应的技术方法（捆缚、针缝、夹板、滚筒）才可以实现其防染的可执行性。之所以把它称为一种技术方法，是因为折叠本身是独立于扎染之外而存在的一个技术系统，被"嫁接"到扎染系统形成的技术运用。

折叠技术构建的各式各样折叠方式可以轻松与扎染的任何技术相结合，只需要解决与之匹配的物性关系，就可实现染料渗透操控的染色效果表现。

1. 工具

折叠方式需要进行专门的科目学习，找几本关于立体构成的书籍和折纸的书籍，学习有关折叠的思维方式和手法，作为构建参考。

2. 注意事项

（1）折叠方式所使用的布料需要有比较好的渗透性，通常面料相对薄的、织造疏松的都有着相对良好的渗透性。为了更好地实现渗透效果，需进行小样实验来论证确保染色效果实现的保障。

（2）折叠方式的关键因素、折叠与染色关系的原理与方法如图2-5-48所示，理解这些关键要素，才能正确控制、确认操作方法。

（3）渗透性不好的面料（面料越厚与织造密度越高，渗透越弱）、渗透不好的"回"纹折叠方式，也可以转化为我们技术与表现效果所需的特殊使用手法。巧妙利用材料折叠后的渗透性，一气呵成构建出画面的虚实效果（图2-5-49）。利用材料折叠后渗透性弱的特

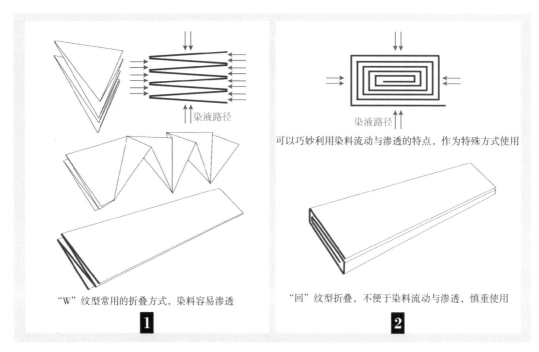

图2-5-48　折叠绞之折叠与染色关系的基本原理与方法示意（图片来源：张湜）

图2-5-49　通过折叠，巧妙地利用材料的渗透构建画面的虚实效果（图片来源：吕唯平）

点，通过无规则褶皱实现特殊的防染效果，如图2-5-50所示是一次褶皱染色和两次褶皱操作所实现的效果，是以卷筒为辅助工具解决压力的操作方式。所有的操作过程都要敏锐而专注于感知、发现材料的特有物性，创造力是建立在这些物性引导下触发达成的（图2-5-51）。利用作为工具的不同材料、不同纹理与不同的渗透力一次性完成染色的效果，其中也利用了材料之间的叠加关系，使色阶的变化更为丰富有趣。

3. 基本方法案例详解与示意

（1）折叠方式一：随机构建无规则型折叠（褶皱）（图2-5-52、图2-5-53）。这里给

图2-5-50 折叠绞利用材料渗透性弱的特点，通过折叠有机实现遮挡的效果（图片来源：张湜）

图2-5-51 折叠绞利用不同材料的渗透性进行折叠遮挡，一次性染色实现的不同色阶效果（图片来源：张湜）

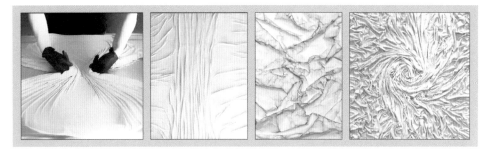

图2-5-52 折叠绞之构建不规则形折叠（褶皱）的示意1（图片来源：Pinterest网）

图2-5-53　折叠绞之构建不规则形折叠（褶皱）的示意2（图片来源：Pinterest网）

出的构建不规则形折叠的方式，是提供启发来使用的，不要简单地去套用，养成思维的惰性与惯性，要善于利用日常生活中的洞察与关联去拓展自己的思维。折叠的这种方式，是捆缚绞的随机褶皱形式所产生的关联启发，进而把褶皱形态塑造成为一种扎染技术。如图2-5-54、图2-5-55所示为捆缚绞的揉搓法。折叠形态的一种演化形式，只要善于洞察，日常生活就会为我们提供大量可供实验的素材信息，无穷无尽的形态折叠形式就会被推演出来；随着学习进度的深入，变量思维将产生喷发式的效应。在"规则"与"无规则"

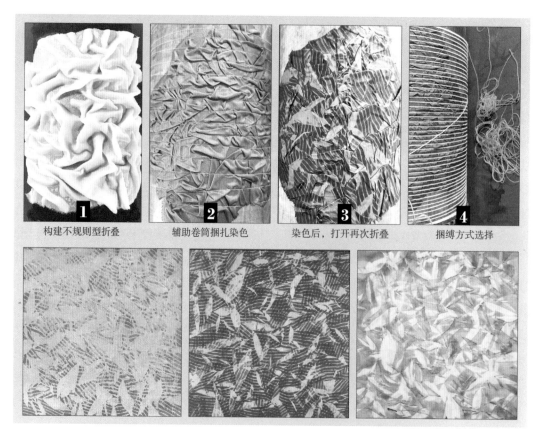

构建不规则型折叠　　　辅助卷筒捆扎染色　　　染色后，打开再次折叠　　　捆缚方式选择

图2-5-54　折叠绞之多次进行不规则形折叠染色实现色阶变化的示意（图片来源：张湜）

的区间，是评估、处理相互矛盾信息的最大维度，你的思维才能拥有最大化的辗转腾挪的空间（图2-5-56）；创造性思维方式应尽可能避免非黑即白的单极化思维模式，只有具备"非对非错""既对既错"两极思维才能产生包容、兼容的品性，滋养创造力进而"孵化"出新生事物。

图2-5-55 折叠绞之不规则形折叠，捆缚方式的置换所带来的推演效果（图片来源：张湜）

图2-5-56 折叠绞之不规则形折叠，折叠形式推演效果（图片来源：青舍染艺课程实验性习作）

（2）折叠方式二：依据一定的规律方式进行规则式折叠，就是借鉴折纸技术，将其转化为布的折叠形式，再进行染色（图2-5-57）。技术的演化有时是需要借助发现与其他事物之间彼此相关联的属性，进行嫁接而实现。这种关联思维，是需要广泛的跨学科认知作为背景条件才能发生的。通过卷筒辅助捆线固定完成的折叠染色工艺，可以借助材料的渗透力实现丰富的虚实变化，一次性染色即可实现多色阶的呈现（图2-5-58）。借以卷筒绞的辅助来完成捆扎、固定方式的折叠工艺，并进行多次折叠、套染实现的丰富色阶变化（图2-5-59）。

图2-5-57　折叠绞规则型折叠、折叠形式示意（图片来源：Pinterest网）

图2-5-58　折叠绞规则型折叠、辅助卷筒进行捆缚的染色示意（图片来源：郝雅丽提供）

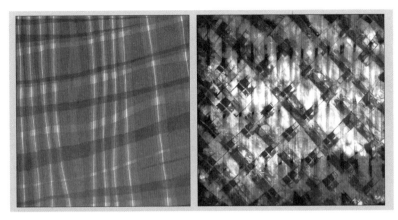

图2-5-59　折叠绞之多次折叠、多次套染实现的染色效果示意（图片来源：青舍染艺课程实验性习作）

（四）夹板绞

结合图2-5-60，分析、解构自己的学习方法，回顾一下所有的操作。捆缚、打结在技术中的作用是形态或方式吗？这并不难解析，是使用它的功能性；既然是功能作用，那么作为工具的材质、形态、使用方式等属性就可以被置换，全新的防染技术手法就得以推演出来，新的表现效果将由此生成（图2-5-61）。在这个过程中，对功能深度的解构、分析发现，"抽拉"后的打结、缠绕捆扎的扎线都构建出一个"夹"和"压"的力学结构关系；正是这一关系的给出，提供了变量推演的条件与前提，夹板绞，正是在这样一个实践过程中反复被试证、推导而产生的。

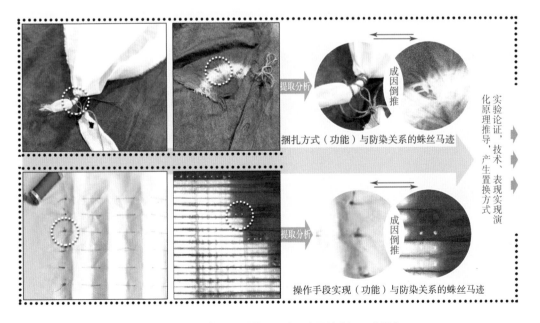

图2-5-60　夹板绞技术推演（倒推思维）的思维模型示意1（图片来源：张湜）

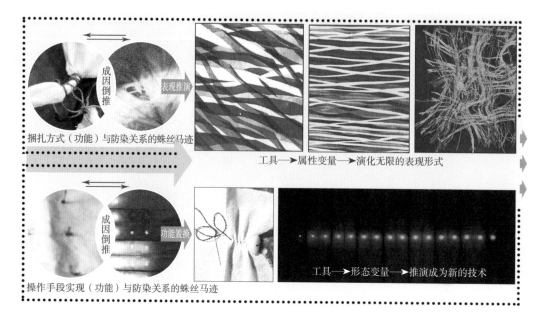

图2-5-61　夹板绞技术推演（转化思维）的思维模型示意2（图片来源：张湜）

1. 工具

夹板工具的种类如图2-5-62所示，当然，可使用的工具不限于图示。在使用这些工具时，要对工具有全息的感知能力，包括工具的功能、作用以及相关可变化的因素等，只有这样才能具备广义的技术观念。

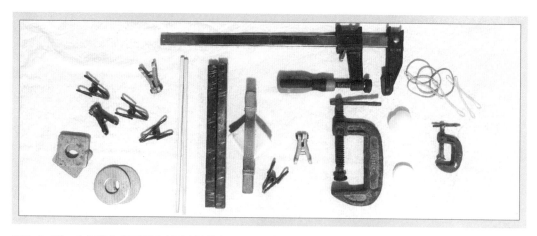

图2-5-62　夹板绞参考工具示意图（图片来源：张湜）

变量思维（创造力）是洞察力、发现、综合分析、试证等解构能力的投射。不能洞悉物性与原理的关系，变量就不会发生。人人都具备创造力，只是被僵化、刻板的知见所抑制，而无法将天性释放出来。

2. 基本方法案例详解与示意

（1）案例一：夹板基本操作方式如图2-5-63、图2-5-64所示。夹板的应用需要结合不同的折叠方式，才能实现丰富的表现。有了基本的方法学习，如何进行拓展？我们可不可以在打开后，通过旋转、错位等技术叠加方式再进行染色？可不可以多次套色操作？可不可将两种以上折叠方式混合使用？可不可结合其他技术进行叠加？首先我们都需要变量思维，来拓展不同的折叠方式和不同的夹板形态方式，生成丰富的表现技术；其次进行复杂的逻辑建构（重构），将不同技术按照个人的意图进行程序叠加，实现新的表现。再复杂的技术方法和丰富的表现力都是在这个过程中慢慢地、不间断地通过试证"生长"出来。在现阶段，可以试着去解构、剖析优秀的作品进行学习，分析出技术的构建逻辑和优秀作品背后的思维方式；然后运用变量思维去"试证"产生1+1=2或3、4的效应（图2-5-65）；杜绝1+1=1的低效复制方式。可以改变夹板的形状（图2-5-66），替换掉所学习的夹板范式，尝试新的可能。夹板绞很容易形成机械、规律、呆板的表现，这种构建方式也容易养成一种所想即所得的惯性。可以尝试一下变量方式，把随机的不规则折叠拿来结合，看看将发生什么（图2-5-67）。

（2）案例二：基本的套染方式如图2-5-68所示。分次染色、分次套板的染色方式，第一色阶的白色由三角夹板实现，第二色阶是由在浅蓝色状况下再施加长条夹板实现，深蓝的底色色阶是套染自然形成的最终色阶。局部分次实现的套染染色，如图2-5-69～

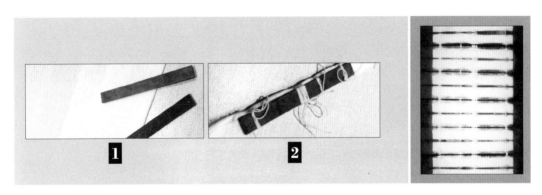

图2-5-63　夹板绞基本操作示意1（图片来源：张湜）

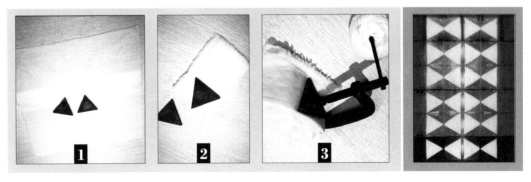

图2-5-64　夹板绞基本操作示意2（图片来源：张湜）

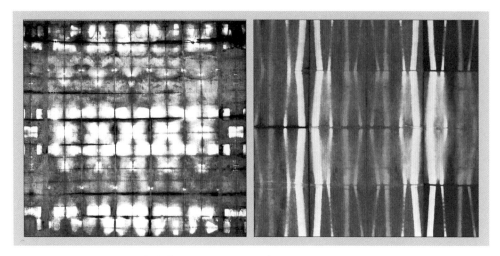

图2-5-65　夹板绞技术叠加方式所实现的效果示意（图片来源：青舍染艺课程实验性习作）

图2-5-66　夹板绞改变工具形态所实现的效果示意（图片来源：青舍染艺课程实验性习作）

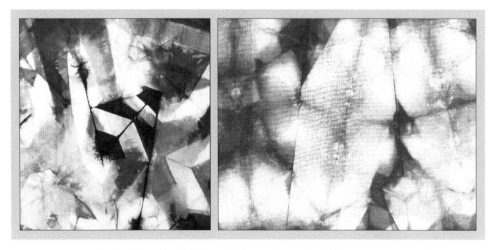

图2-5-67　夹板绞之推演折叠方式的效果示意（图片来源：青舍染艺课程实验性习作）

图2-5-71所示。蓝染的套色，是不同色阶的形式呈现；分次套染的色阶，在使用彩色染料时，将色阶置换为不同的色相即可实现多色效果。夹板与布的关系推演如图2-5-72所示。无限的变量还有待探索，不要止于示意的方式。

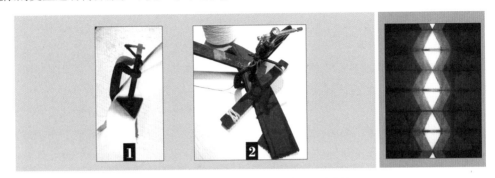

图2-5-68　夹板绞之基本折叠方式＋套色的示意（图片来源：张湜）

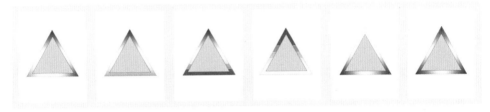

图2-5-69　夹板绞之基本折叠方式＋染色或套色的示意（图片来源：张湜）

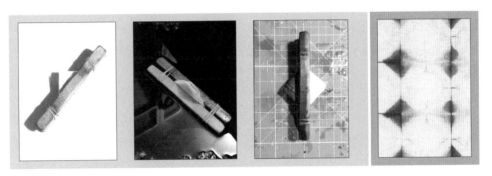

图2-5-70　夹板绞之基本折叠方式＋局部染色的示意1（图片来源：张湜）

图2-5-71　夹板绞之基本折叠方式＋局部染色的示意2（图片来源：青舍染艺课程实验性习作）

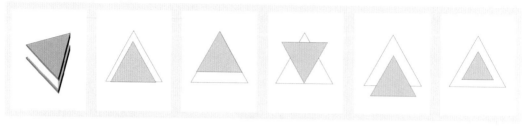

图2-5-72　夹板绞之基本折叠方式与夹板关系推演的示意（图片来源：张湜）

（3）案例三：叠加法可以说是最原始的最基本的推演方式，自始至终存在于发展的历史之中。当扎染等技术演化达到一定层级，结合外部技术（跨行技术）就会产生裂变或跃迁，原有的原理和技术手段将被完全替代，如现代印染产生新的技术原理，替代的是工作形式、工作方式、工具、效率等，推演、逻辑建构、创造力等的内核思维方式则不会被替代。夹板绞染色后，打开再进行错位折叠后套用夹板（图2-5-73），继续进行套染；再如可以叠加工艺，更换不同的夹板（图2-5-74），叠加染色。叠加法基于工艺流程中存在操作的弹性空间，变量操作才能得以执行。

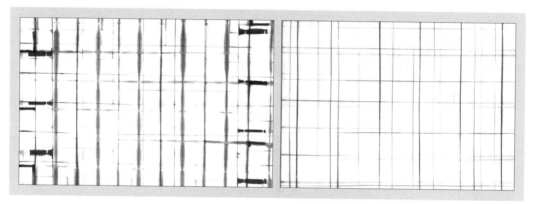

图2-5-73　夹板绞之基本折叠方式＋反复错位叠加推演的示意（图片来源：张湜）

图2-5-74　夹板绞之基本折叠方式＋错位叠加或变更夹板的示意（图片来源：青舍染艺课程实验性习作）

（五）卷筒绞

在无法持续满足由技术所提出的需求之际，就会催生对工具功能改良或进行工具置换的情况。在这种背景下登场的卷筒绞，究竟解决了哪些技术需求呢？我们通过对卷筒绞的工作方式解构，就可以分析出什么需求与条件催生出这种新工具的出现：第一，在以捆缚绞的裹物法、夹板绞的功能与原理为依据的实践过程中，工具的形态、工作方式、作用等因素为工具演化提供了必要条件；第二，卷筒匀称的曲面，可以实现捆缚施加压力时均匀受力的要求；第三，变量催生新的变量发生，在捆缚绞、针缝绞、折叠绞的推演过程中，捆扎、固定方式的需求推动了新的操作方式出现。

1. 工具

在使用工具的同时，应该继续深度理解新的工具（图2-5-75）其物性、功能作用。比如，热染时PVC、塑料类卷筒容易变形，就可以替换为不锈钢；不锈钢长时间使用会有锈迹容易污染染色，可以针对性去解决表层防护问题；挖掘工具使用时所具有的弹性空间，可以衍生出新的变量操作方法，实现新的变量表现；作为卷筒的工作方式，如何去改变它的形态拓展新的功能。以此类推，来改变卷筒形态与形式，创造性的能力就是这样在提出新的问题，产生新的解决方案、触发新的思维方式等过程中不断地被延伸。

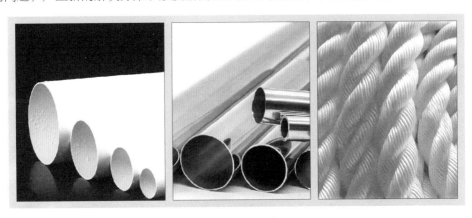

图2-5-75　卷筒绞基本工具的示意（图片来源：张湜）

2. 基本方法案例详解与示意

（1）案例一：卷筒的使用原理如图2-5-76所示，沿着管壁将布包裹在卷筒上，根据需要使用不同的辅助手段对布进行固定以免滑落，接着沿管壁纵向进行挤压后，就可以执行染色。以下为几个变量操作的参考方案：①把布打湿，均匀包裹于管壁，绕线（稍加用力）固定，不进行挤压，染色。②在①的染色基础上，再进行绕线（稍加用力），再进行染色。③在①的染色基础上，拆除线，将布旋转90°，绕线（稍加用力）固定，再染色。④在前三种方式中，更换不同的线性，再进行染色。⑤干布均匀包裹于管壁，轻轻绕线，进行挤压，边挤压边增加一个方向的旋转，大约30°左右，再染色。⑥干布，按照①相同操作，再染色。⑦找一种织造疏松的布（有透色率的布）对折，按照以上六种方案各做一遍。⑧找一种织造疏松的布（有透色率的布）进行随机不规则的褶皱，布要打湿便于操作，按照①的捆线方式进行操作。在原有纵向挤压的基础上，再施加一个横向的挤压（图2-5-77），原有的挤压结构就被改变而形成新的防染效果；依循结构关系（物性），我们通过洞察、分析才能产生推演的可能性，变量的思路就会不断地涌现出来。

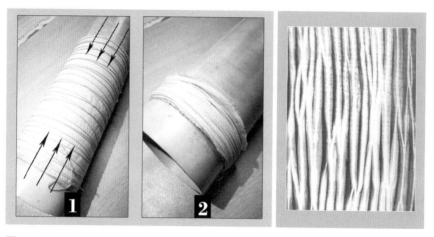

图2-5-76　卷筒绞之通过挤压产生遮挡实现防染的操作示意（图片来源：张湜）

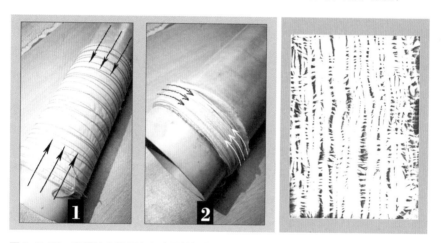

图2-5-77　卷筒绞之挤压方向变量的操作示意（图片来源：张湜）

　　是什么驱动着变量思维的持续发生呢？这源于我们长期在实践中，获取了对材料、工具、技术手法、结构逻辑等一系列"物性"的认知，催生了实验性探索的发生并带来新的回馈，进而转化为新的变量所需的前提和条件，这是一个循环往复的过程。

　　"物性"又具体是指什么？不同事物的属性在不同条件下的作用，如捆扎压力的紧与松，会影响染料的渗透；材料制造疏密，会造成透色率或上色率不同；蓝染的逐次染色方式，会有分次的色阶或不同的明度；工具的不同形态，带来不同的防染效果等；狭义上讲，物性就是事物的特性与属性，广义上还包括构成元素的特性和属性及其所具有的功用，也还包括不同物性间的作用关系和不同层级的元素物性。变量，不仅为技术带来无限可变的操控性，同时也为我们呈现着丰富变化的表现效果；在操作上任何一个微妙的变化和控制因素的改变（图2-5-78），都将打破原有僵化刻板的规划，让期盼与惊喜不断伴随着我们的探索性实践。任何操作过程都存在着操作的弹性空间，需要你的洞察和结构分析能力，才转化为推导式的"试证"实验（图2-5-79）。首先通过实验达成可行性，再在实验结果的基础上反复推敲优化，最终得到合理的操作方案和表现方案。

图2-5-78　卷筒绞操作手法变量系列的效果（图片来源：青舍染艺课程实验性习作）

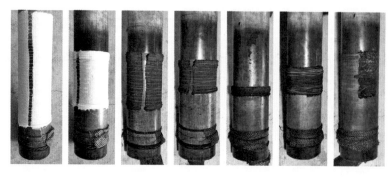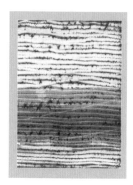

图2-5-79　卷筒绞之分次挤压套染的操作示意（图片来源：张湜）

（2）案例二：拔染法，或称减色法，一种扎染的反向技术；操作就是先把布料染成所需的颜色深度，再进行常规的扎染工艺，完成后实施减色（拔染）的操作。可选择使用84消毒液作为拔染剂，浴比1：10为基数，加热（提高拔色效率）进行减色操作。在操作过程中，以15分钟为观察基数，根据减色状况可以少量添加，浓度过高容易伤纤维，丝绸慎用。84消毒液原液有腐蚀性和杀菌的作用，使用过程中要防止84消毒液溅到衣服、皮肤、眼睛上，需做好防护。在减色过程中，也可以构建出不同色阶的变化（图2-5-80）。减色到一个色阶程度，再进行一次扎染的防染工艺，然后继续实施减色程序，依此实现多色阶表现；与染色操作的色阶方式相反，拔染是明度由深色逐次减为不同浅色色阶的操作程序。如图2-5-81所示使用了印花布进行的拔染，虽然本书是以蓝染为主题核心，但不应该被蓝染染色的方式框定住，应时刻保持着拓展性的思维方式去对待所学习的一切内容，保持着一种"开疆拓土"的探索状态。

（3）案例三：色阶和不同色相的表现如图2-5-82所示，在变量的世界里，学习者将永葆青春的活力，始终保持着好奇与探索的冲动，学习无须刻板，可以跳脱出教程的蓝染内容的学习，去尝试其他染料的实验，总能发生令人期待的奇迹！

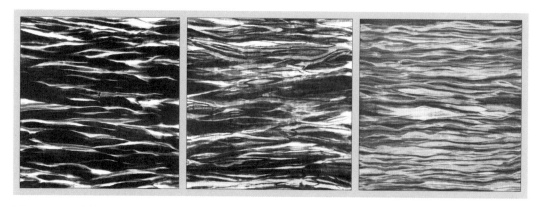

图2-5-80　卷筒绞之分次挤压+分次拔染的效果（图片来源：青舍染艺课程实验性习作）

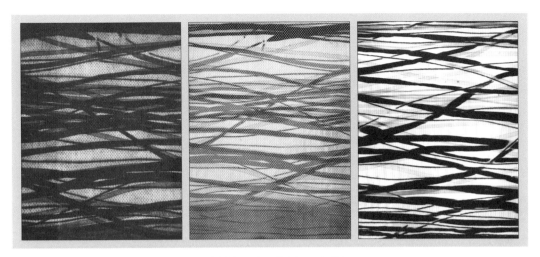

图2-5-81　卷筒绞之分次捆缚＋分次拔染的效果（图片来源：张湜）

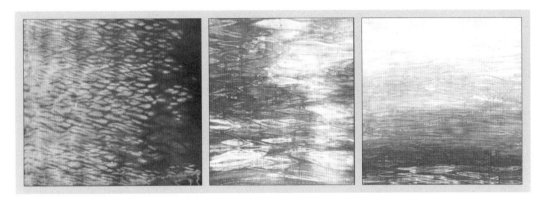

图2-5-82　卷筒绞之套染＋挤压的效果（图片来源：青舍染艺课程实验性习作）

（4）案例四：作为辅助工具功能的捆缚线，既然能产生防染的效果，何不将辅助工具和功能转化主要技术手段（图2-5-83）呢？套一次色，捆缚一次扎线，再套一次色……通过解构染色程序进行变量操作，卷筒的捆缚套色法应运而生。如图2-5-84所示是蓝染卷筒的捆缚套色表现。

图2-5-83　卷筒绞之褶皱＋分次不同色相套染、分次捆缚的效果（图片来源：青舍染艺课程实验性习作）　　图2-5-84　蓝染卷筒绞之褶皱＋分次套染、分次捆缚的效果（图片来源：青舍染艺课程实验性习作）

（六）综合绞

我们现在尝试将学习过的任何一种技术方法，转化为一个技术元素引入任意一种技术的操作之中，形成新的技术构建组合，例如可以把有一定渗透性的布进行相应的折叠，再包裹到卷筒进行挤压构建出叠加的技术结构，就会产生新的染色效果；这种技术叠加也是变量推演的一种方式，称为综合绞。它是对所有技术的统辖和逻辑重组，也是对任何一种单一技术的突破，是最具创造性的技术方式。

这种技术的掌握，只能在自我训练的探索与实验基础上才能习得，所构建的思维方式、解构认知、逻辑构建、表现语言等都是极具个人化的；已不仅是单纯的"技术"了，而是一个探索者具体解决问题、处理问题的综合能力的呈现。

1. 工具

学习到这个阶段，任何物品都可以被转化为工具，工具也可以根据功能需求进行优化或改造。当不再被工具的概念和形态所束缚时，才可以被称为"工具"的真正善用者或驾驭者，而不是工具的"奴仆"了。

2. 基本方法案例详解与示意

解构能力，可以帮助"读取"物性（材料、工具、染色、技术）的条件因素、元素关系、结构逻辑、特性、属性、功用等构建所必需的元素"信息"；在这个基础上，才能实现由技术方法思维转换为以物性为基础的原理思维模式，至此进入"无法而法"随机运化的阶段，这才能激发出每一个学习者的潜质——创造力。

原理是对物性与物性间作用关系进行的概念性表述，是技术实现无法背离的底层构建规律。为了帮助学习者能在相对短的时间内，更好地理解、掌握、运用原理并能养成良好的思维模式——原理思维，可以再次对扎染原理（见第二章第三节图2-3-4）进行温习理解。

（1）案例一：遮挡案例，如图2-5-85所示，当人们能运用原理思维时，就可以轻松地进行任意的工具置换，工具、技术就能随机地发生推演了。材料、工具、技术方法与原理连结为一体，互为"转化"，才能完成有效的统筹协作。此外，还要有置换思维。"万物联通"是世界万事万物演化的条件与基础，正因为万物有其关联性、兼容性、融合性，看

图2-5-85　综合绞之夹板工艺的置换原理示意图（图片来源：张湜）

似不相关的事物，却是可以实现属性、功能、比例等因素的置换，带来无限的推演可能（图2-5-86）。摆脱刻板方法的范式套路，契合原理，进行工具不同物性的置换，正是技术方法演绎的底层密码。日常我们需要通过主观切换技术方法、变更组织结构、调整工作方式等手段，让我们的实践过程始终带有着实验性和探索性，这样才能不断地提出新的需求与问题；在处理问题、解决问题时，具体应对方案的提出就是随机运化的推演发生的方式。如图2-5-87所示，画面的组织构建形式，也是变量的一种选择方式；工具的材料、技术、画面的组织等充斥着各种各样可变量的弹性"空间"，处理好三者关系，就是在变量带来的新的变量条件下的应对处理问题的能力（图2-5-88）。在这里不同的树叶、捆扎线、布片……都被置换为"夹板"，与卷筒构建出新的夹板绞防染技术结构，夹板绞与卷筒绞的边界被打穿，正是对材料、工具等物性的深度理解，才能构建起真正的原理思维的运用，领悟并掌握技术的内核。

图2-5-86 综合绞之夹板遮挡工具的置换1（图片来源：青舍染艺课程实验性习作）

图2-5-87 综合绞之夹板遮挡工具的置换2（图片来源：青舍染艺课程实验性习作）

图2-5-88　综合绞之夹板遮挡工具的置换3（图片来源：青舍染艺课程实验性习作）

（2）案例二：当我们能通过表象、技术方法解构而领悟到"物性"与原理时，也就可以修得悟空"72变"的奥妙（图2-5-89）。操作中拆除的废料就这样被华丽地置换成新的"夹板"工具，自如实现新的推演。若没有前五种基本技术方法的深度理解、解构能力训练及变量思维的实践作为基础，是无法进入综合绞这个层阶的学习与训练的；这个阶段的建构实现，完全依赖个人的技术认知、技术拆解、关联思维、逻辑构建、实验探索、审美、内容表达能力的综合运用，带有明显的个人化和原创性的特点。当你能够懂得"聆听"物性的启示，万物皆可善用，思维障碍将不断地被跨越，技术将不再是"技术"，而是物性的"变幻"（图2-5-90）。

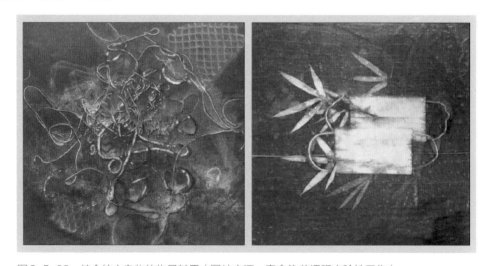

图2-5-89　综合绞之杂物的物尽其用（图片来源：青舍染艺课程实验性习作）

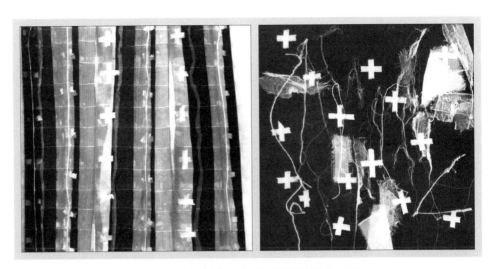

图2-5-90 综合绞之万物皆可善用（图片来源：青舍染艺课程实验性习作）

（3）案例三：前面已经论述过捆缚所留下的防染线迹，不仅实现线的捆缚功能，同时也带给了我们特有的防染效果，这可不可以转化为表现形式的构建元素？作为捆扎的线，有无数的种类，会带来怎样的变量呢？线，还可以实现哪些功用？首先要摆脱概念在思维中的框定制约。例如，一块10厘米宽的布，放在180厘米宽的画幅上是不是就成为"一条线"；如果在宽为50厘米的画幅上，线的概念将被消解而成为"面"的概念，既然概念的存在是相对的，"线"的僵化概念瞬间"坍塌"，有了更广义的概念外延，所支撑的观念和观点即可获得自由的空间（图2-5-91）。现在这根"线"，正是扎染的捆扎固定所需要的线，可以有不同属性、材质、粗细、式样等选择了。我们以夹板绞工具为例（图2-5-92），工具的使用是它的功能和属性，只要可以满足功能和属性需要，那么线、网材等都可以任意

图2-5-91 卷筒绞工具的功能置换（图片来源：青舍染艺课程实验性习作）

进行置换，转化其功能，进而拓展其使用方式，处处都存在着变量的演化方式。改变作为捆缚的绳子（工具）形态和功能，产生新的技术与表现力。改变技术方法的原有结构方式，广义的技术方式和功能概念将成为学习者的拓展导向，让学习、训练、实验充斥着不可预测的失败与期待，这种状态有着范式思维永远无法达成的能量与喜悦（图2-5-93）。

关联思维

万物联通，才能推演，才有演化

关联的是功能
置换的、变化的技术手段是形式、
方式不变的是原理机制

图2-5-92　卷筒绞工具置换的原理示意图（图片来源：张湜）

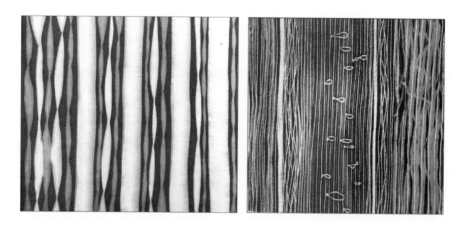

图2-5-93　卷筒绞线的变量（图片来源：青舍染艺课程实验性习作）

二、构建完善的自我训练系统

结合古往圣贤人物的治学风范，我们也应该对于任何权威理论，保持独立思考、勇于怀疑的精神，才能通过实践探索与论证，真正懂得与掌握"渔"之术。

扎染的基础原理学习内容已经告一段落，对于要想成为一个真正的探索者（创新者）来说，还需要建立自己的思维架构，这是一个漫长而又艰辛的历程，同时又充满着激情与喜悦的渴望，也是一个"化茧为蝶"的过程：

系统思维就是把认识对象作为系统，从系统和要素、要素和要素、系统和环境的相互联系、相互作用中综合地考察认识对象的一种思维方法。能极大地简化人们对事物的认知，给我们带来整体观。当学习内容积累到一定的量级，需进行必要的条理、分类、总结、归纳，构建出自己的技术框架系统（图2-5-94）。古今中外庞杂的技术种类与方法就能系统化地呈现彼此的关联，学习者可以根据笔者所提供的参考示意，结合自己的学习与理解去构建自己的系统思维导图。在这个过程中，将使自己对技术方法的理解、技术与技术间的演进逻辑、变量推演等方面的认知得到跨越式的提升。

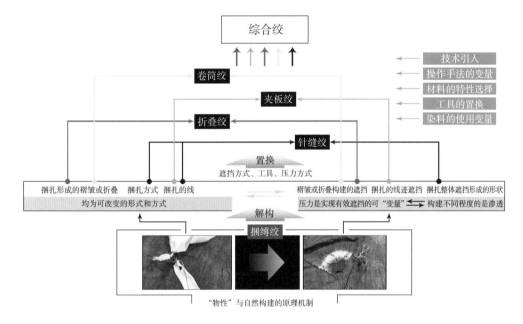

图2-5-94 传统扎染技术方法内在关系系统示意图（图片来源：张湜）

扎染的自我训练系统包括：技术方法、思维方式、逻辑能力、技术推演、画面构成、风格表现、具体应用等。有了系统化架构，就可以通过训练对自己原本的思维方式进行改造、进阶，并进行针对性的学习训练，解决自身具体的需求，这在塑造个人创造性能力的过程中将产生巨大的作用。在我们将技术方法进行分门别类之际，才能发现、洞彻它们内在的普遍性的技术规律，这就是扎染基本原理（图2-5-95）的由来，也是扎染技术的构建内核。

原理所呈现的是被抽象化的因素条件（物性）和技术构建关系，替代了详细的操作方法、刻板的程序、具体的工具、明确的材料等；是能够生生不息地演化技术表现的秘籍所在，当你拥有原理思维就可以轻松跳脱出具体的技术方法和思维的禁锢。"万变不离其宗"。认知方法是人类本能与自然的交互关系中，历经上万年的演化而生成的一种生存能力；通过"拆解"从多维度地认知事物，进而获得改变原本事物结构逻辑的能力，通过使原本事物结构发生改变，进而产生新的事物和新的事物形式。可以说认知方法论也是创造性思维的方法论，贯穿在我们所有认知提升的过程之中。

如图2-5-95所示为第二章通篇内容的浓缩版，是所有陈述与表达依循的宗旨：通过技术方法的学习、探索、实践来实现进阶，最终达成可以轻松运用系统化思维和利用原理推演技术的思维模式，成为你的习惯，并构建起一个非范式的"范式"系统。

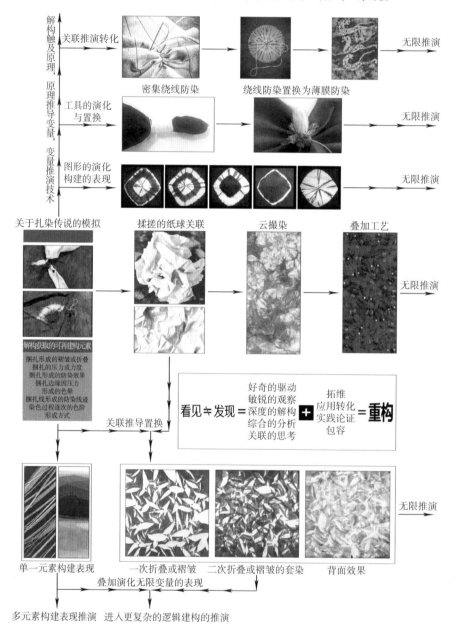

图2-5-95　运用原理推演技术方法的示意图（图片来源：张湜）

　　完善的自我训练系统还需要几个关键条件：其一，加强心理素质的训练，才能具备积极面对困难与解决困难的韧性与勇气；其二，拥有独立的人格品质，是创新人才的优秀品质，也是激发"创新"原动力的内在条件；其三，文化、艺术的素养基础，赋予技术以灵性；其四，价值观、使命感，是学习、实验探索的驱动力以及强大支柱；其五，开放、兼容、合作，是自我实现的唯一通道。

1. 如何控制不同材料单次染色时长？

2. 在一条布上染出不低于五个色阶的渐变关系。

3. 在一条布上运用任何技术手法的一种，实现四个色阶的表现，色阶上必须相同技术。

4. 五种技术方法，每一种都要运用变量方式实现自己的推演表现，各制作三块小样。

5. 五种技术方法，任意组合完成自己的综合推演，实现三块作品的创作。

第三章

蜡染

　　蜡染是传统概念中唯一强调"绘染"的染色技艺，这一点与以"绳线绑缚"的扎染、以"雕版夹布"的夹缬染和"刻板刮糊"的型染而言，自是多了一份灵动自如和挥洒豪放的气息。纵观蜡染的历史演变和世界各地的蜡染技艺，从手绘蜡染、夹板注蜡到模块、模板印蜡，在传统染缬的概念中有了更多的交融和叠加，模糊了蜡染、扎染、夹缬染、型染的边界。特别是很多艺术家以蜡为笔，以蜡作画，形成绚丽多彩的蜡染绘画作品，无论在色泽、表现手法上都有许多突破和尝试，这些对传统蜡染会有一些启发和影响。

　　中国蜡染固守蜡刀画蜡、蓝染为底的特质，与印度尼西亚华丽精致的多色蜡染相比，呈现质朴沉静的蓝白之美；与粗放浑厚的非洲蜡染相比，又展示出无比精致细腻的纹样之美。这是中国传统审美意识的传扬，也是蜡染精湛技艺的体现。

　　了解蜡染历史演变、掌握蜡染原理和基本技法，下一步我们就应该思考如何更好地将蜡染运用在现代设计和时尚生活中、创造出新时代蜡染的风貌。

第一节
蜡染的概念与历程

一、蜡染的历史与概念

（一）中国蜡染发展历程

1. 文献记载

蜡染是中华民族染缬文化的重要组成部分，是我国古老的四大染缬中唯一的绘染纺织艺术。蜡染源于秦汉，盛于隋唐。据考证，"蜡染"一词在文献中最早记载是唐代慧琳写的《一切经音义》卷五十之"众缬"中："众缬今谓西国有淡斢汁，点之成缬，如此方蜡点缬也。"蜡染用蜡作为防染材料，除了在面料上画蜡的传统防染技艺，在当时还有点蜡、印蜡的技艺。关于"涂蜡为纹以阻色"的印蜡原理和工艺制作方法在宋代已有详细记述，南宋时周去非在其《岭外代答》卷六《服用门》中记载了夹板注蜡的方法："瑶人以蓝染布为斑，其纹极细，其法以木板两片，镂成细花，用以夹布，而熔蜡灌于镂中，而后乃释板取布，投诸蓝中，布既受蓝，则煮布以去蜡，故能制成极细斑花，炳然可观。"

中国传统蜡染通常分为手绘和夹板注蜡、印蜡三种。印蜡和夹板注蜡的方式在明清之后逐渐消失，目前保留的主要以手绘蜡染为主。而南宋周去非记载的"瑶斑布"描述在贵州松桃一带保留的这种技艺，通过雕刻空心花纹的"花模夹板"注蜡染色，是蜡染与夹缬染两种防染方法的结合。

明代之后，在夹板注蜡的基础上衍生了灰缬和夹缬，而借助模具印蜡的技艺也在印度尼西亚和印度广为流传。手绘蜡染在云贵地区有更多的延续和保留。

2. 出土文物

我国古代发现的蜡染文物在文献中有记载，也对中国蜡染历史提供了佐证资料。《百工录·苗族蜡染》中写道："20世纪60年代，四川省博物馆发掘出土战国秦汉时期的麻织品，其中有蜡染的服装残片。"[1]卫艺林等人的文章《民丰尼雅遗址出土蜡染棉布边饰纹样"鱼龙纹"的界定》中写道："1959年新疆民丰尼雅出土的东汉时期的蜡染布，是我国境内最早发现的蜡染品之一。"[2]该残片被学者认为来自中亚——犍陀罗地区，是中国境内发现最早的蜡

---

[1] 杨文斌，杨亮，王振华.百工录·苗族蜡染[M].南京：江苏凤凰美术出版社，2015：5.
[2] 卫艺林，邓可卉，梅蓉.民丰尼雅遗址出土蜡染棉布边饰纹样"鱼龙纹"的界定[J].丝绸，2021，58（5）：107-113.

染棉布。如图3-1-1所示，可看出尼雅出土的蜡染残片，有形象生动的女神和连贯的鱼龙纹，虽和中国传统的龙纹或鱼龙纹有差异，但其生动的蜡染线条、传神的图形描绘无不触动着我们。

在新疆于田附近古城遗址出土的北朝蓝色蜡缬毛织物、蓝色蜡缬棉织品及新疆吐鲁番阿斯塔那北区墓葬出土的西凉蓝色缬绢和唐代的几种蜡缬绢、蜡缬纱，都验证了蜡染在中国的悠久历史。在英国维多利亚与艾尔伯特博物馆收藏着一些敦煌莫高窟出土的大量染缬残幡（图3-1-2）。这批遗存的实物中，染缬织品都是深蓝色地，纹样光洁清晰，古朴典雅。

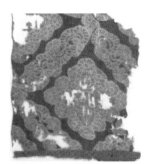

图3-1-1　1959年新疆民丰尼雅出土的东汉时期蜡染布（图片来源：新浪网）

图3-1-2　敦煌出土的蓝色棕色丝绸残幡（9世纪至10世纪）（图片来源：维多利亚与艾尔伯特博物馆）

（二）蜡染的概念

蜡染的"蜡"字的英文是"Wax"，通常是指动物、植物或矿物所产生的物质，常温下为固态，具有一定的可塑性，遇热易熔化、不溶于水。正是由于蜡遇热熔化、不溶于水的特性，被人们用作防染材料。蜡染的英文为"Wax Printing"和"Batik"。"Wax Printing"是指以蜡防染的染色工艺；"Batik"狭义上讲指印度尼西亚的蜡染，广义上讲是指一种通过在织物表面涂覆蜂蜡、石蜡及淀粉、黏土等作防染目的，通过染色后去除覆盖的防染剂显示花纹的染色工艺，包括了蜡防染、糊防染、黏土防染等防染技艺。"Batik Deying"同样是蜡染的概念，是指用各种蜡在面料上绘制、染色的工艺；"Batik Print"是"蜡印"之意，包括手工模具印蜡及机器印蜡的工艺。

《辞海》关于蜡染一项的解释如下："古代称蜡缬，起源于汉以前，为我国传统印染工艺之一。今在布依、苗、瑶、仡佬等族中仍在流行。制法：用蜡刀蘸蜡液，在白布上绘几何图案或花鸟虫鱼等，再浸入靛缸（以蓝色为主），后用水煮脱蜡，即显花纹。"在《贵州通志》中曾有如下记载："用蜡绘制花于布而染之，既去蜡，则花纹如绘。"这些概念叙述了蜡染画蜡、染色、除蜡、显花的全过程。

蜡缬，又名腊缬，在唐代尤为盛行、技术也很成熟。当时的蜡染可分为两种：单色染与复色染；复色染可以套色四五种之多。❶傅芸子在《正仓院考古记》里，论正仓院藏蜡缬屏风时说："所谓'臈（腊）缬'，系以蜜蜡于布上描成纹样，浸染料中，及蜡脱落，留其纹样，再蒸而精制之乃成，更有施二三重染者尤形丽巧。"目前保留在日本正仓院现存的四扇蜡染屏风《象木蜡缬屏风》《羊木蜡缬屏风》《熊鹰蜡缬屏风》和《鹦鸟武蜡缬屏风》中（图3-1-3），可以看到唐朝的多色蜡染，祥云瑞兽的图形由动物、植物、花草山石构成，其中有绘蜡、印花模板印蜡相结合，手法灵活。❷

图3-1-3 《象木蜡缬屏风》和《羊木蜡缬屏风》

现代蜡缬工艺是将融化的石蜡、蜂蜡、牛油、枫香膏等作为防染剂，用蜡刀、毛笔、竹签等工具蘸取蜡液涂绘在布料上，待蜡液冷却后浸入冷染液浸染后再以沸水将蜡脱去。❸如图3-1-4所示为贵州蜡染。

蜡染首先利用"蜡防染色"的原理，即用蜡把花纹点绘在麻、丝、棉、毛等天然纤维织物上，蜡染利用蜡与水不相融的原理，把织物在染色缸中浸染，由于蜡的阻隔和覆盖作用，染液无法渗透画蜡的部分，从而起到防染效果。其次利用"遇热融化"的原理，将画蜡染色完成后的织物投入热水中，当温度在60℃以上时蜡融化，显现出描绘的纹样，达到"去蜡显花"的效果，完成整个蜡染环节。

❶ 余强.中国民间传统染缬工艺考析[J].重庆三峡学院学报，2018，34（1）；50-56.
❷ 杨建军，崔岩.从日本正仓院蜡染藏品看中日古代蜡染艺术[J].浙江纺织服装职业技术学院学报，2010，9（4）；70-74.
❸ 周莹."点蜡幔"工艺考辨[J].装饰，2017（6）；116-117.

图3-1-4 贵州蜡染（图片来源：自摄）

（三）画蜡的工具

1. 蜡刀

中国云贵地区的蜡染以蜡刀画蜡为主。蜡刀由铜片或铝片制成，因蜡染地域风格和画蜡方式不同、蜡刀也形状不同、大小各异，其刀口主要有扇形、斧形、平头型等；刀片有单片、多片之分，刀柄一般由木、竹绑缚刀片组成。

（1）蜡刀刀片：蜡刀画蜡的粗细由蜡刀的片数和刀片之间的缝隙决定。刀片大、片数多，储蜡空间大一些，保温时间长一些，画出的线条粗、长；反之刀片小、片数少，储蜡空间有限，适合画一些细、短线条（图3-1-5）。

（2）刀片材质：因铜有良好的导热、保温功能，在热蜡液中受热快，保温时间较长，方便画蜡时蜡液的渗透，因此蜡刀多采用铜质（图3-1-6）。

2. 蜡壶

蜡壶的英文是"Cantings"（Tjantings），是印度尼西亚和马来西亚最传统的画蜡工具。蜡壶由底部有导管出口的铜制壶和木制手柄组成（图3-1-7）。

铜质蜡壶具有很好的保温性和耐热性，其形状略有差异，有扁长形、圆形之分。扁长形顶部开口小，蜡液不易溢出。画蜡时用铜壶舀取熔化

图3-1-5 蜡刀

图3-1-6 扇形蜡刀与丹寨蜡染，平头形蜡刀与织金蜡染（图片来源：自摄及源自网络）

的蜡、通过出蜡导管在织物上画出流畅的线条。

（1）蜡壶尺寸：蜡壶有多个尺寸可供选择，出蜡管用来控制蜡的流量。细的导管画较小的线圈；反之出蜡导管越粗，蜡出来的速度就越快，绘线越粗。此外出蜡管有直曲之分。

（2）蜡壶使用：蜡壶需要频繁地舀取热蜡来保持温度和画蜡线条的流畅，舀取蜡液量要适当，过满容易在绘画时溢出。

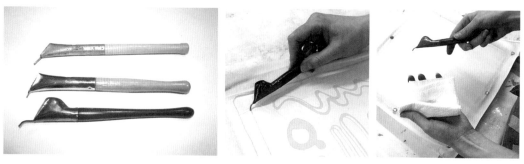

图3-1-7　印度尼西亚蜡壶的主要式样（图片来源：etsystatic网）

3. 蜡染印模

蜡染印模也称为印章，属于凸版印蜡防染的方法，有铜质印模（英文为"Copper Stamps"或"Copper Batik Stamps"）和木质印模（英文为"Wooden Printing Blocks"）。蜡染印模是19世纪开发的为了快速印蜡的工具，即先雕刻木制凸版或制作铜质印模，再用其捺印蜡液，经染色去蜡后可得花纹，与传统的各种手工画蜡法相比效率较快，便于复制。

（1）木质印模：用坚实、厚实的木料刻制凸版图形，上面有手柄方便拿持；印模纹样通常有独立纹样、二方连续等，这种木制印模在印度、印度尼西亚都有使用，我国新疆喀什地区也有这种工具留存（图3-1-8）。

（2）铜质印模：用铜条、铜片按照图形弯曲焊接成图像并固定在底板，使用时用模具蘸热蜡捺印而成（图3-1-9）。

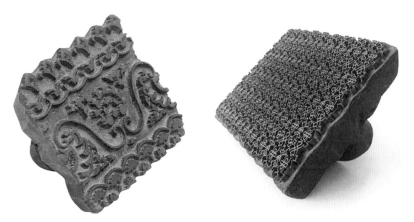

图3-1-8　19世纪亚洲木制印模（左图）现代印模（右图）（图片来源：Ruby Lane网站）

图3-1-9　印度尼西亚铜质印模的正面、侧面、背面手柄（图片来源：Wind and Weather网站）

4. 竹签

在物资匮乏、艰难困苦的生活环境中，人们只能用身边随手可得的物品画蜡点染。竹针或竹签、竹条被作为画蜡工具绘制蜡染纹样（图3-1-10）。

图3-1-10　贵州麻江枫香染、竹签画蜡（图片来源：百家号网站）

我国云贵地区及东南亚一些国家，都有用竹针、竹签作为画蜡工具的经历。画蜡时使用竹针、竹签吸蜡量非常有限，通常很难画出长线条。但一些能工巧匠却能利用细竹条绘制细密均匀的线条，如图3-1-11所示为贵州从江岜沙苗族的枫香染，就是一个独特的案例。

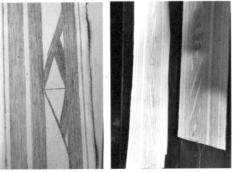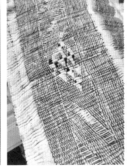

图3-1-11　枫香染膏及长约30厘米的细长竹签、岜沙枫香染画蜡、染色完成后、打褶制成服装的细节（图片来源：自摄）

5. 毛笔

毛笔是现代画蜡中常用的工具。蜡遇热熔为液体后，用毛笔沾蜡可以绘制出各种不同粗细、曲直的线条和涂抹块面。因此当代蜡染会使用粗细规格不同的毛笔和排笔。贵州惠水一带的枫香染使用毛笔作为绘制工具，其线条流畅舒展，绘画感较强。

6. 镂空版印蜡

镂空版印蜡需用木板或防水的板制作镂空版，通过注蜡或刷蜡将热蜡绘制在镂空版的空隙，从而形成蜡防染的效果。镂空版印蜡也称凹版印蜡，早在我国秦汉时期就有这种凹版印制织物的技术。

如图3-1-12所示为凹版印蜡的试制，用现代的防水材料通过激光刻板后，在镂空处刷热蜡，再染色而成的图形。其中图3-1-12（a）为刻制的镂空版、图3-1-12（b）为刷蜡染色后的效果。

（a）镂空版　　　　　　　　　　　（b）刷蜡染色后的效果

图3-1-12　镂空版印蜡（图片来源：自摄）

不同国家和地区在蜡缬技艺方面有很大区别，由于地理条件和人文环境不同，各个地区的蜡染技法、艺术效果、蜡染工具也各不相同，但又有一定的关联和相互影响。

（四）蜡的种类

1. 石蜡

石蜡俗称矿蜡、化学石蜡，是从石油中提炼制成的白色半透明固体。石蜡熔点较低，一般为48～52℃，易碎裂、做蜡染裂纹较佳，防染性能较好（图3-1-13）。

2. 蜂蜡

蜂蜡属于动物蜡，用蜜蜂巢提炼而成，熔点相对较高，为61～65℃，防染性能较好。蜂蜡属天然材质、气味独特，液态时黏稠，干后有较好的韧性，不易开裂，适合绘制一些精细的纹样（图3-1-14）。

3. 木蜡

木蜡含枫蜡和松香等植物蜡。松香属天然树脂，是具有多种成分的混合物，其中树酸酯占85.6%～88.7%，常温下为透明而硬脆的黄色固体，熔点约为57℃。

图3-1-13　石蜡（图片来源：kumifeng网）　图3-1-14　蜂蜡（图片来源：kumifeng网）

（五）蜡染用纺织材料

蜡染所用的材料很多，包括天然属性的纺织品和非纺织品均可尝试。本书以纺织品为主。材料的特质决定蜡染的效果，不同的材质，蜡液渗透和阻挡的效果各不相同。

1. 属性

由于植物染的特性，蜡染可以选用的纺织品有棉麻、丝、毛、黏胶纤维等；非纺织品包括草本编织、皮革、木、竹等。蓝染蜡染常用的纺织材料当属棉麻，蓝靛和染液中的碱性特质对棉麻植物纤维不会有大的冲突，平实、厚度适中的棉麻面料是蜡染的首选，传统平纹手织布和机织棉麻面料都适合蓝染的多次浸染及蜡染的刻画和沸水除蜡。

表3-1-1中，呈现了平纹棉布、苎麻夏布、真丝欧根纱、提花粗麻面料做相似的画蜡和染色的不同效果，我们可以得到如下结果。

表3-1-1　棉布、苎麻夏布、真丝欧根纱、提花粗麻等的蜡染细节

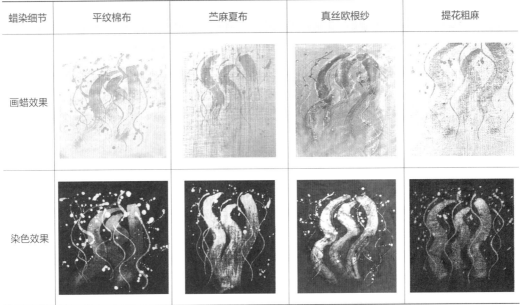

蜡染细节	平纹棉布	苎麻夏布	真丝欧根纱	提花粗麻
画蜡效果				
染色效果				

（1）染色过程：在同样染色时间、染色次数相同的情况下，上色最快的是表面肌理粗糙、厚实、松散的提花粗麻，上色较浅的是表面丝滑、密实的真丝欧根纱面料。可见染液中的色素较容易进入纤维织造较松散的面料中，较易显色。

（2）画蜡效果：实验中同样使用毛笔、蜡刀绘制。可以看出平纹面料画蜡时线条流畅、光滑；而表面肌理粗涩的面料绘制的线条断断续续、不完整。

2. 厚实与透薄

纺织品材质的厚薄决定蜡渗透程度，面料太薄挂不住蜡，易脱落，如欧根纱类的材质；面料过厚，蜡又很难完全渗透到背面，如蜡液只覆盖面料一面，无法完全渗透到背面时，染色环节背面会染上颜色，脱蜡后无法透白底，影响视觉效果。

3. 光滑与粗涩

面料的表面肌理会直接影响画蜡的效果，光滑的质地能画出流畅生动的线条，粗涩的面料绘制的蜡染线条也会断断续续。尝试和选择不同的面料肌理会带来不同的蜡染效果（图3-1-15）。

  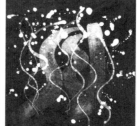 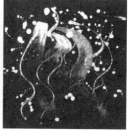

（a）粗麻正面染色效果及背面透蜡效果　　　　　　　（b）平纹棉布正面染色效果及背面透蜡效果

图3-1-15　不同面料正面染色效果及背面透蜡效果（图片来源：自摄）

为了达到各种不同的蜡染效果，可以使用不同温度的蜡、多种材质和肌理的面料、尝试各种非纺织品材料。但受到蜡染工艺的制约在选择面料时要避免以下几种情况。

（1）针织或弹力面料：弹力针织面料的伸缩性会导致染色过程中蜡的脱落，造成图形不完整，影响视觉效果。同样型染也不适合弹力面料。

（2）遇热变形的材料：画蜡时蜡刀等工具温度较高，退蜡时需要热水在60℃以上，所以遇热会缩皱或变形的面料要提前预估缩水率或避免使用。

（3）透薄稀疏的面料：这种面料一方面会变形，另一方面蜡的附着度、牢固度会受影响。

二、世界各地的蜡染简介

关于蜡染起源，一些纺织品专家学者认为可以追溯到公元前4世纪的埃及，以及古印度、中国等。王华在《蜡染源流与非洲蜡染研究》中写道，蜡染的起源有"古印度说""中国说""爪哇说""独立发展说。"同时还阐述了"宋朝以后中国蜡染向东南亚传播、15～19世纪东南亚蜡染向欧洲传播、19世纪之后蜡染向非洲传播，完成了手工蜡染到机械蜡染的历程。" ❶

人们通过蜡染的色泽、纹理和图案找到各自的蜡染艺术语言和发展脉络，中国云贵地区蜡染精湛质朴、凝重精练，多以棉布蓝靛染色形成独特的蓝白素雅之美；印度尼西亚、印度蜡染图案精美华丽，纹样神秘极富装饰感，多色重叠染色技艺精湛，作为世界遗产成为蜡染服饰文化的代表之作；非洲蜡染质朴粗犷，彩色套色的蜡染呈现出缤纷洋溢的生动之美。

（一）印度尼西亚的蜡染

1. 蜡染发展历程

英语中的蜡染"Batik"一词起源于印度尼西亚的"Amba""Titik"，在印尼语中，"Titik"的意思是"一个点"。据史料记载大约在唐宋时期蜡染技术由中国或印度传到了印度尼西亚，"在8世纪到12世纪末印度的木模印花技术进入印尼。" ❶从15世纪起，印度尼西亚当地的人使用蜡壶画蜡，到19世纪铜质印模的出现，极大地促进了蜡染的普及。蜡模印蜡这种技艺比用蜡壶画蜡快得多，便于规模化地批量生产。18世纪末，荷兰殖民统治印度尼西亚，发现此古老印染技艺并开拓成蜡染工业，将这种技术带至非洲。目前非洲还保留了技术精湛的机器印蜡技术。

经过几百年的历史演变，印度尼西亚蜡染从手工画蜡到印蜡，再到当代融合了许多现代技术，创作出更多蜡染纺织品和服装，成为当地人生活中的一个重要组成部分，也得到世界人民的认可和喜爱。2009年，印度尼西亚蜡染被联合国教科文组织认定为"人类非物质遗产"。

2. 印度尼西亚蜡染技艺及工具

（1）手绘蜡壶（Tjanting）：印度尼西亚人发明了独特的蜡壶画蜡，能容纳更多蜡液，在底端有一个细长的导管方便蜡液流出，蜡壶固定在木管或竹管柄上以便手持画蜡。其蜡壶也有大小、粗细之分。如图3-1-16所示，在画蜡时通常将面料悬挂在木杆横架上，手持蜡壶的木柄，将加热融化后的蜡液中用蜡壶蘸取，一手拉起面料，倾斜蜡壶用导管壶嘴画出流畅、细密的图形线条。

印度尼西亚的蜡壶和我国云贵地区的蜡刀在使用上，相同的是两者都是铜质，便于保温使蜡液流畅方便手绘；不同的是贵州蜡刀通常在桌面画蜡，适合画直线，而印度尼西亚蜡染悬挂面料绘制，蜡壶更适合画弧线和自由线条。

---

❶ 王华. 蜡染源流与非洲蜡染研究[D]. 上海：东华大学，2005.

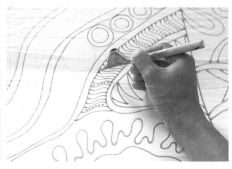

图3-1-16 印度尼西亚蜡染方法及工具（图片来源：asiangeo网）

（2）蜡染印章（Batik Stamp）：这种蜡染印章有木质和铜质两种质地。两种印章功能和形式一致，由印花板和手柄构成（图3-1-17）。木制印章通常用整块木头雕刻而成，铜质印章由印花板、底座和手柄三部分焊接而成。铜质印章更加保温和纹样细致，通常用高度1.2~2厘米的铜片按照图形需要、弯曲镶嵌焊接网格状的底部，使用时持手柄将模具在加热的平盘子内沾蜡、再印制到面料上完成封蜡防染，经过多次染色、印蜡、最终脱蜡后完成染色过程。蜡染印章的使用加快了蜡染绘制的效率，而且图形规矩整齐便于复制，复杂的图案容易操作（图3-1-18），这极大地促进了蜡染技艺被更广泛地应用和传播，蜡染艺术家们也基于此创作了更优质、复杂、多层次渲染的蜡染艺术作品。

（a）木制蜡染印章　　　　　　　　　　（b）铜质蜡染印章

图3-1-17 两种质地的蜡染印章（图片来源：VAM网、kontinentalist网）

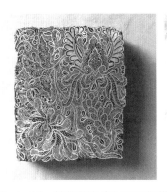

图3-1-18 精细的印度尼西亚铜模印蜡及印蜡方法（图片来源：BLAXSAND网、etsystatic网）

3. 蜡染图形及风格

蜡染是印度尼西亚服饰文化的重要标志，传统蜡染为蓝色、茶色和白色，早期受到宗教纹样的影响，后期受到中国、欧洲、印度的影响，充分反映了多种风格的融合和演变。随着蜡染印工技术的发展，其色泽更加丰富，染色层次更多。印度尼西亚蜡染的图案呈现浓郁的地域风格，通过线条表现神秘文化和图形的装饰感（图3-1-19、图3-1-20）。

图3-1-19 19世纪中叶印度尼西亚蜡染（芝加哥大学博物馆藏）

图3-1-20 20世纪初印度尼西亚蜡染（芝加哥大学博物馆藏）

印度尼西亚传统手工蜡染工艺比较复杂，有十几道工序，先将面料作前处理，漂洗上浆后或用木框绷住固定或悬挂在横架上，由女性用蜡壶绘制。她们使用由蜜蜂蜡、松树蜡和石蜡混合而成的蜡液，通过加热后多次画蜡、染色，形成丰富的色彩效果（图3-1-21）。染彩色时方法同样需要用蜡将部分纹样、色彩封住。印度尼西亚蜡染的颜色有的多达十几种，其制作方法都一样，色彩越丰富、图案越复杂则需要更复杂的程序和更长的时间。

图3-1-21　爪哇蜡染（图片来源：buitenzorg网）

（二）非洲蜡染

1. 蜡染历程

非洲蜡染最早发现于古埃及。古埃及不仅是四大文明古国之一，也是东西文化交汇之地。据史料记载，蓝靛在公元前2400年的古埃及第五王朝就已经作为防腐抗菌剂使用，公元前1世纪的古罗马学者普利尼斯在《自然史》中，描写了古埃及人浸染织物时用蜂蜡防染，这说明早在相当于西汉时期的古埃及，蜡染技艺就已经广为流行了。❶ 英国 L.W.C. 迈尔斯主编的《纺织品印花》中认为，古埃及蜡防花布早在公元前1500年已闻名遐迩。因此，古埃及被认为是蜡染的发源地之一。❷

在维多利亚与艾尔伯特博物馆官网中，我们可以看到古埃及出土的4~5世纪的织物残片，可见除了蜡染，古埃及在植物染色和织造技艺也显示出非凡的成就（图3-1-22）。

图3-1-22　古埃及出土的亚麻和羊毛纺织品残片（4~5世纪）（图片来源：维多利亚与艾尔伯特博物馆官网）

非洲本土的蜡染主要集中在西非，有类似印度尼西亚蜡染的工艺技术和工具出现，非洲蜡染技艺较为粗放、灵活，有手绘涂抹、也有使用木模印蜡的手工艺技术。常用的防染糊有蜡、米糊、木薯糊、糨糊等，马里还有泥浆防染的工艺，这些都被通称为非洲蜡染。

❶ 庄梦轩. 马来西亚蜡染艺术发展史探究 [D]. 南京：南京艺术学院，2016.
❷ 黄亚琴. 从古代蜡染遗存看我国蜡染艺术的起源与发展 [J]. 江苏理工学院学报，2014，20（3）：35-39.

19世纪初期，荷兰殖民统治印度尼西亚期间又将蜡染技术带到了欧洲，在工业革命的驱动下，完成了蜡染从手工到机械的转型提升。为了获得更低的劳动力价值和降低生产成本，欧洲人在非洲建立多个蜡染厂，将蜡染文化和技术带到非洲。

2. 蜡染技艺及工具

在非洲防染纺织品技艺被称为"Adire"；在尼日利亚和西非专指"扎染及防染"所形成的蓝白纹样。西非的蜡染工艺有手绘、木模印蜡、型板印蜡几种，从防染材料的角度可分为蜡防染、糊防染和泥浆防染，其防染技艺多为就地取材，手法多样。

（1）蜡防染技术：非洲的蜡染和其他地区的蜡染相似，制作蜡染前按照预想图形局部涂上热蜡，借助蜡的防染功能阻绝染液的渗透（图3-1-23）。蜡染染色完成后，热水脱蜡完成作品。

（2）糊防染技术：以尼日利亚、马里为代表，马里的索宁克人（Soninke）妇女用厚米糊和木薯粉浆作防染剂，这种防染的方式和型染、灰缬类似，不同的是糊剂使用羽毛、薄片、细骨头、金属或木制像梳子一样的手工工具（妇女手绘制成）；另一种方法是用金属模板或木质模板沾防染糊剂印制而成（图3-1-24）。最古老的"Adire"，也称为"Adire eleko"，使用两种防染剂技术来达到柔和的蓝色、白色设计，和浓郁的靛蓝背景形成对比。

图3-1-23　非洲蜡染（图片来源：维多利亚与艾尔伯特博物馆官网）

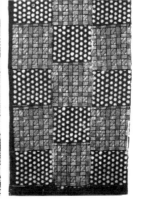

图3-1-24　Adire eleko糊防染（图片来源：维多利亚与艾尔伯特博物馆官网）

"Adire eleko"的制作过程除了用模板刷糊外，还有手工绘制的记录。维多利亚与艾尔伯特博物馆对非洲这种染缬工艺的介绍中提到："因为图案和设计都是手工绘制，这些设计／图案是通过将鸟羽毛（羽毛笔）、棕榈叶或树枝浸入木薯糊中并绘制在白布上实现的。"如图3-1-25所示。

（3）泥浆防染技术：泥染的工艺制作过程和中国莨绸制作有些类似，"先将织物浸在用两种树叶和茎制成的染液将织物染成明亮的黄色。将织物铺在地上让太阳暴晒半天使之干燥，织物见光的一面颜色比下面深，然后用泥浆在颜色深的一面铺满留下抽象的图案轮廓，织物干燥去除多余的泥浆，再用碱性溶液洗去抽象图案的黄色，使之被腐蚀经水洗最终显示出深地白色花纹"。❶经化学分析这种泥浆含有二氧化铁，而黄色的植物染料含酸性的丹宁酸，两者之间发生化学反应产生黑棕色，上泥浆被用为媒染剂（图3-1-26、图3-1-27）。

图3-1-25　使用羽毛和米糊来完成防染绘制

图3-1-26　泥浆防染（图片来源：维多利亚与艾尔伯特博物馆官网）

图3-1-27　非洲泥染

3. 蜡染图形及风格

非洲蜡染的代表风格多样，手掐、布抹、涂、绘等多种手法不拘一格，结合晕蜡、拖蜡、板蜡、浸蜡等方式，表现出粗犷和随意的视觉效果。在图形和风格上以细密紧凑的几

---

❶ 王华. 蜡染源流与非洲蜡染研究[D]. 上海：东华大学，2005.

何纹组合而成。非洲蜡染独具地方特色纹样设计因别具古朴、粗犷的特点深受非洲人民的喜爱，已成为世界时尚设计的非洲元素之一（图3-1-28）。

图3-1-28 迪奥2020蜡染系列（图片来源：ibag网站）

（三）印度蜡染

1.蜡染历程

日本佐野猛夫氏的《染色入门》和伊势拱子的《蜡染的技法》阐述蜡染约在2500年前产生于古印度。到了5世纪才经波斯西传至古埃及，7世纪时传入中国。唐朝的蜡染技术在7~8世纪时传入日本，到11世纪爪哇才有了蜡染技术。❶

古印度是世界上最早使用棉布的国家，早在公元前5世纪就有使用蓝染纺织品的记录（图3-1-29）。赵丰在《丝绸艺术史》一书中考证了新疆民丰地区尼雅出土的绘有半裸女神像的蜡染棉织品，根据神像头后背光具有古印度文化的因素，认为蜡染工艺在东汉时传入中国西部边陲，古印度应是蜡染的起源地之一。古印度蜡染是全球备受推崇的纺织工艺，自1世纪以来，这种纺织工艺就深深扎根于古印度的土壤中。蜡染是以蜡防染的技术，经历了烦琐的上蜡、染色和除蜡环节，通常在棉花、亚麻、丝绸等织物上实现。

（a）15世纪印度蓝染印花

（b）13世纪印度蓝染印花

图3-1-29 印度蓝染印花（图片来源：维多利亚与艾尔伯特博物馆官网）

古印度的蜡染生产地主要集中在德干高原东南地区分，有些地方直到1900年还在生产蜡染布。在17~18世纪古印度蜡染达到鼎盛时期，当时远销爪哇、苏门答腊、波斯乃至欧洲。

---

❶ 王华.蜡染源流与非洲蜡染研究[D].上海：东华大学，2005.

2. 蜡染技艺及工具

在古印度蜡染的染色技艺包括手绘蜡染和木模、铜模印蜡，上蜡后将布浸入染液染色，被蜡覆盖的部分保持原样，而布料的其余部分被染色（图3-1-30）。如果使用多种颜色，则重复该过程。染色完成后将布浸入沸水融蜡，蜡染图案就会显现出来。古印度的蜡染除使用蜡作防染剂外，还结合媒染、防染和直接印花等工艺技术。

古印度蜡染还善用泼蜡、冰纹的工艺，为了获得大理石的效果，在将布放入染液之前，故意将蜡揉皱，使染料渗入裂缝形成冰纹。

（a）埃及出土的17世纪古印度防染布　　（b）19世纪古印度蜡染蓝印

图3-1-30　古印度蜡染技艺（图片来源：维多利亚与艾尔伯特博物馆官网）

3. 蜡染图形及风格

古印度蜡染历史悠久，蜡染工艺多以模具印蜡、印花为主，为了方便印章蜡染的技术要求，图案多以独立纹样、二方连续纹样、四方连续纹样为主，来适应古印度服饰中围巾和纱丽的纹样需求。纹样包含花草、动物、几何纹样等。

三、中国各地的蜡染风格简介

（一）地域分布

从地域上看，蜡染遗存的地区主要在贵州、云南、川南地区、桂北地区、湘西地区以及海南部分地区。民间蜡染主要在苗族、瑶族、水族、彝族、仡佬族、土家族、布依族等民族中流传。

贵州蜡染集中分布在黄平、重安江和丹寨等地区，苗族妇女的头巾、围腰、衣服、裙子、绑腿，甚至生活用品都是蜡染制成。在这里蜡染的应用方式非常多样，蜡染+打褶、蜡染+刺绣、蜡染+拼布等手法各异（图3-1-31）。

图3-1-31 蜡染与各种工艺的叠加（图片来源：拍摄于贵州省博物馆）

（二）传统蜡染技法

民间蜡染的基本工艺过程为洗布、画稿、熔蜡、画蜡、染色、脱蜡等工序。

1. 洗布

织物画蜡之前，用清水漂洗、捶打、浸泡，除去织物上残渍，也解决了织物预缩水问题。同时用米浆过布，并用捶打刮压的方式使手织布表面更加平服光滑，方便画蜡。

2. 画稿

用竹签、指甲画样，或用留样剪纸，或折叠面料留下痕迹，设置图形框架和草图后才画蜡。也有徒手画蜡、一边画一边根据图形补充调整和完善。

3. 熔蜡

贵州传统蜡染用陶器或铁具等容器在木炭火灰上熔蜡，现代蜡染会用电蜡锅熔蜡。炭火、炭灰温度不高，只要保持恒温即可。贵州传统蜡染多用蜂蜡描绘细腻复杂的线条和纹样，通常不以冰纹为美。

4. 画蜡

画蜡是指使用各种工具和蜡刀沾蜡绘画，利用蜡刀的不同部位点画出线、面。

5. 染色

传统蜡染染色以深蓝色为美，一方面凸显蜡染的纹样，另一方面耐脏耐用。在染色时将面料小心垂直浸入染缸内染色，要经常轻轻翻动使其浸泡均匀，在多次浸泡、多次氧化后，达到预期效果。

6. 脱蜡

脱蜡方法有开水脱蜡和刮刀脱蜡，刮刀脱蜡只能除去织物表面的蜡层，还需要通过开水煮洗等方法进一步脱蜡。传统蜡染的蜡会回收再利用，多次使用的蜡逐渐变为深棕色或黑色，也称老蜡（图3-1-32）。

图3-1-32 贵州丹寨宁杭老蜡绘制的蜡染（未染色的效果）
（图片来源：自摄）

图3-1-33 贵州鼓藏幡细节（图片来源：杨文斌 杨策《苗族传统蜡染》）

（三）蜡染线条类型

按蜡刀大小，可以将传统蜡染分三个类型。

1. 粗线型

粗线型画蜡风格粗犷有力，多用粗的长线。鼓藏幡（在榕江13年一次的"鼓藏节"上，用竹竿挑起的长达5~8米的长幡）通常用这种粗线型画蜡风格，风格粗犷大气（图3-1-33）。

2. 中线型

中线型蜡绘粗细适当，线条均衡和谐。多数蜡染属于中线性，多用长线条，粗细适当，均衡和谐，古朴流畅（图3-1-34）。

3. 细线型

细线型需用极细的金属蜡刀，画蜡于织物上，是蜡染中的精品，由于蜡刀细小，画出的线条细如发丝，以短线为主。细线型蜡染以贵州织金、普定为主（图3-1-35）。

图3-1-34 传统蜡染服装衣袖（图片来源：杨文斌《苗族蜡染》）

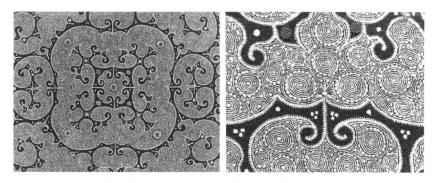

图3-1-35 织金蜡染刺绣（图片来源：杨文斌《苗族蜡染》）

（四）蜡染的直线与曲线

在画蜡风格中除了粗细之分，还有线条曲直之别。直线画蜡通常以几何纹为主，图形严谨、对称、抽象、概括。如图3-1-36所示是笔者带学生在贵州学习花溪蜡染的记录，可以看出在1厘米的格子里从中心向外、从局部向整体一点点延伸的过程。图3-1-37呈现了贵州苗族蜡染和海南苗族蜡染图案在线条上的运用。

图3-1-36 花溪蜡染（右图：顾伟伟 绘）

（a）贵州苗族蜡染背带蜡染加刺绣　　　　　（b）海南苗族传统蜡染刺绣头帕

图3-1-37　贵州苗族蜡染与海南苗族蜡染图案中直线条的运用（图片来源：杨文斌《苗族蜡染》）

　　蜡染中的弧线或曲线是常用的线条，特别在丹寨蜡染中尤为突出，圆滑顺畅的弧线比比皆是，擅长表达花鸟图形的灵动（图3-1-38）。

图3-1-38　丹寨宁杭蜡染曲线条的运用（图片来源：自摄）

（五）蜡染的点、线、面

　　蜡染的点、线、面各具特色，和各民族的审美习惯有关，但以蜡刀这一工具特性来讲，更适合表达点和线，面的绘制在云贵蜡染中不占主流（图3-1-39）。

（a）点　　　　　　　　（b）线　　　　　　　　（c）面

图3-1-39　蜡染的点、线、面比较（图片来源：自摄）

（六）云贵地区的蜡染风格

1. 丹寨蜡染

贵州黔东南丹寨和三都一带的蜡染被称为丹寨蜡染。丹寨蜡染擅长应用夸张变形、流畅灵动的线条，主题多为花、鸟、虫、鱼等物，徒手绘画的图案流动多变，构图饱满、形象生动，有鲜明的特征和表现力（图3-1-40）。

2. 榕江蜡染

榕江蜡染主要指分布于榕江、兴华一带的苗族蜡染，其特点为大都使用粗细均匀的长线条，疏密有致，图形极富装饰感，蜡染主题多为鸟、龙、鱼、蛙和铜鼓等纹样（图3-1-41）。

图3-1-40　丹寨宁杭蜡染——老蜡染（图片来源：自摄）

图3-1-41　榕江蜡染（图片来源：杨文斌）

3. 安顺蜡染

安顺蜡染主要分布在贵州安顺、普定等地，其蜡染风格细致，图案典雅。该地区擅长彩色蜡染，在绘制时运用多种植物染料与蓝靛相结合，一边染色，一边用蜡覆盖，形成多层次、多色彩的彩色蜡染（图3-1-42）。

图3-1-42　彩蜡蜡染（图片来源:《千年传承　非遗蜡染》展品，杨敏　绘）

4. 黄平蜡染

黄平蜡染是指分布于黄平一带的蜡染。黄平蜡染生动简洁，图案工整，纹样高度程式化，构图方式上采用对称型构图，图案内部描绘细致，善用枫香染作为防染剂。

5. 织金蜡染

织金蜡染主要分布于贵州西北部的织金、纳雍、普定等地，其纹样主要以变形的鱼鸟纹和几何纹为主。织金蜡染的图案极为精细，又被称为"世界上最精细的蜡染"。

第二节
蜡染的原理

一、蜡染的历程

关于蜡染有这样一个传说：在黔东南的苗族有一个美丽聪明的姑娘，由于家境贫寒、没有像样的衣服穿，羞于参加苗寨社交活动。节日那天其他姑娘、小伙们穿上新衣跳月，她独自在家织布时，恰巧房梁上蜂巢里的蜂蜡滴落在白布上。姑娘没有在意，织完布后投入染缸染色，染完经河水漂洗后发现蜂蜡沾染之处形成白色纹样，像朵朵小白花。姑娘受此启发，用蜂蜡在布上画出各种纹样，染成蓝底白花纹样做成蜡染衣裙，其他姑娘纷纷效仿，从此蜡染在苗族村寨流传开来。

此外，从史料中可以发现蜡染在世界不同地区都有出现，苗族蜡染传说告诉我们，蜡染是在人们日常生活中偶然、无意识的状态下发现了蜂蜡的防染性能，这源于对生活场景的细心观察和经验积累。之后，人们一方面尝试学着加热蜡液，使其在液态下方便绘制和使用，另一方面逐渐尝试用各种工具点画出简单的纹样，从最初的小木棍、细竹条，到后来逐渐用削制的竹刀、木刀，再到使用具有保温功能的金属蜡刀、蜡壶，是蜡染发展历程的巨大进步。由于蜡在常温下呈现固体状态，加热后化为液态，但蜡离开热源会很快凝固，所以在蜡染的使用历程中，人们一直在探索和寻求延长画蜡时间的有效工具，多层金属材质制成的蜡刀和圆斗状的蜡壶都具有较好的保温性能。而印度尼西亚、古印度兴起的模具印蜡使蜡染再次进入一个新的阶段，当工业革命后机械化印染设备辅助蜡染印制时使蜡染进入新领域。

蜡染的发展历程可归纳为三个：滴落状态—画蜡阶段—印蜡阶段。

（一）滴落状态

滴落状态是蜡染的无意识状态，从初始滴落阶段到主观绘制，其间历经对蜡的属性、对画蜡工具属性的掌握。在蜡的滴落中，其流动性和散落性显而易见，促使我们尝试泼蜡、滴蜡形成的自然偶成的独特效果（图3-2-1）。

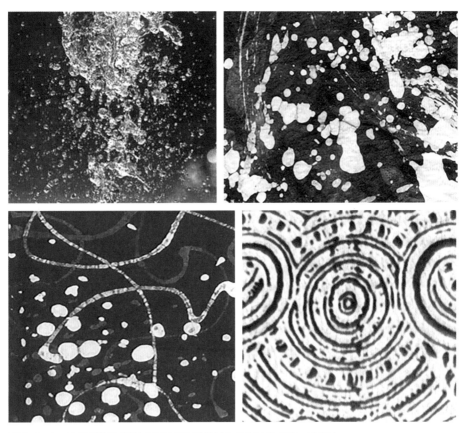

图3-2-1　从无规则滴落的点到主观绘制的蜡点（图片来源：自摄）

（二）画蜡阶段

画蜡可以分为原始工具画蜡阶段、金属工具画蜡阶段。原始工具画蜡是指用身边的小竹条、细木棍为画蜡工具；金属工具画蜡阶段是指为了获得更好的保温性能用铜质、铝制材料制作的蜡刀、蜡壶等工具。画蜡从简单的点、线、面到图形的绘制发展，纹样的表达，工具的加入使蜡染真正展现其特性，使蜡染从无意识图形到有意识绘制发展，达到新境界。蜡的绘制首先基于对蜡属性的了解，蜡的"热熔性"使蜡在一定高温下呈现液态，使画蜡成为可能；蜡的"冷凝性"快速吸附、凝固在面料纤维表层和缝隙，从而达到防染目的。其次借助对画蜡工具的掌握，从随手的竹签、木棍到金属蜡刀、蜡壶等各色工具的创新，是人们对蜡增加保温性能、延长画蜡时间需求的体现，不同的工具也带来不同的画蜡风格（图3-2-2）。

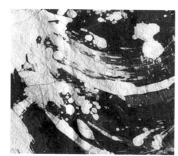

图3-2-2　不同画蜡工具与不同画蜡风格（图片来源：自摄）

（三）印蜡阶段

印蜡分为镂空版印蜡、模具印蜡和机械印蜡阶段，使快速复制和批量画蜡成为可能。

1. 镂空版印蜡

隋唐时期出现的"镂空版蜡染"工艺应该是印蜡的始祖。印蜡确保了绘制纹样的一致性，同时加快了蜡绘制的速度，镂空版刷蜡或涂蜡的手法对镂空版和蜡温都有较高的要求。这种镂空版印蜡有两种方法。

（1）方法一：将一块薄的镂空版放置在面料上，用毛笔等工具刷上热蜡，注意快速刷蜡或注蜡；这种工艺到后来更换了防染物，用豆灰替代刷蜡来达到防染的目的，因此宋明时期从蜡染演变为灰缬，也称为型染和蓝印花布（图3-2-3）。

（2）方法二：用两块对称的、较厚实的镂空版夹住面料后放入热的蜡液中浸蜡，利用木板夹住的部分防止蜡液渗透，在镂空处和夹板之外的地方浸蜡，等蜡凝固后拆除镂空版，再放入染缸染色，最后除蜡后完成蜡染的全部过程。这和夹缬的原理一样，都是以"夹"防染的手法。不同的是夹缬用两块板夹布后直接在镂空处或沟渠中染色，而蜡夹缬是先夹、在镂空处浸蜡后拆板、染色、除蜡的过程。同一块雕版做夹缬和蜡夹缬，可以得到正好相反的染色效果。图3-2-4（a）夹缬防染时用夹子多方位夹紧模板，经染色后模板的部位是夹防的部位，显露防染后的白色。图3-2-4（b）蜡夹缬用同样的模具夹紧面料，在模板之外的部分浸蜡、刷蜡，去掉模板染色、除蜡后模板部分染成蓝色，而底色为白色。蜡夹缬的过程为模板夹布、镂空处浸蜡、去掉模板、模板防护处染色、除蜡，是模板外防染；夹缬染的过程为模板夹布、镂空处染色，是夹板直接防染。

（a）镂空版　　　　　　　　（b）染色过程　　　　　　　（c）染完除蜡后效果

图3-2-3　镂空版蜡染实验（图片来源：自摄）

（a）夹缬染过程

（b）蜡夹缬过程

图3-2-4　夹缬染与蜡夹缬过程对比（图片来源：自摄）

2. 模具印蜡

木制模具和金属模具，通过重复沾蜡印制，可以更加快速地完成更为规范的蜡染作品。模具印蜡也称为凸版印蜡，它使蜡染从纯手工绘制提升到使用工具的层面，对画蜡者画蜡技能没有要求，却又保证绘制效果的状态，促使蜡染更加普及、更多被接受。

3. 机械印蜡

19世纪末20世纪初，荷兰人在印度尼西亚地区了解到印蜡工艺后，将其工艺改为用机器滚轴加热印蜡代替手工印蜡。这一印蜡流程包括"印蜡机（将防染剂液化、印制在织物上、再冷却固化）—甩蜡机（将印蜡后的织物通过抛甩形成自然裂纹）—染色机（通过染色槽染色）—烘干机（脱蜡、水洗、烘干）"。❶这使蜡染进入规模化、批量化生产的新境界。机械印蜡是在常规染整印花的流程中加入了印蜡、甩蜡、退蜡等专业环节，完成蜡染的机械化生产（图3-2-5）。

图3-2-6详细展示了蜡染的历程及蜡染的原理。

图3-2-5　模具印蜡和机械印蜡（图片来源：网络）

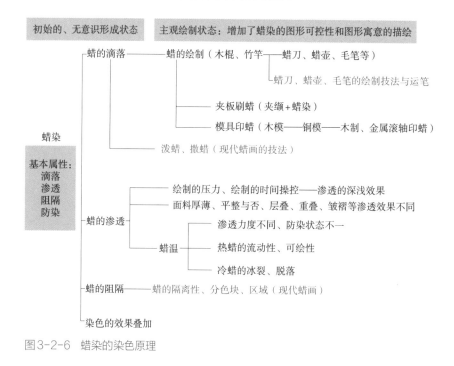

图3-2-6　蜡染的染色原理

---

❶ 王华. 蜡染源流与非洲蜡染研究[D]. 上海：东华大学，2005.

二、蜡染防染的基本属性

蜡染防染的基本属性是利用蜡的热熔性达到对面料的"渗透"，同时利用蜡的冷凝性"阻隔"染液对面料的渗透，从而达到不同程度的防染目的。

（一）蜡的渗透

蜡的渗透决定面料的防染效果。遇热融化后的蜡液渗透，附着在纤维表面和缝隙，凝固后蜡的防水性使染液不能渗透面料从而达到防染功能。蜡的渗透与蜡的温度、面料厚薄、画蜡的压力、画蜡的速度有关。

蜡的渗透首先和蜡的温度有关，温度高时蜡液极易渗透、反之蜡液只能覆盖面料的表层，不能"透背"。

1. 蜡温实验一

此实验分列低温、高温两种状态（图3-2-7），测试目的为以下两点：蜡温与透蜡的关系、画蜡快慢与透蜡的关系。选用同样的平纹棉布和70%石蜡、30%蜂蜡的混合蜡液测试其透蜡的效果；左边面料蜡温低，右边面料蜡温高；每块布左边运笔快、右边运笔稍慢，同样温度下测试运笔快慢、画蜡的效果。

测试结果可以看到蜡温低时、画蜡、透蜡不完整；高温时基本完全透蜡、图形较完整。此外，运笔快慢也和透蜡效果相关，右边运笔慢的透蜡效果相对较好。

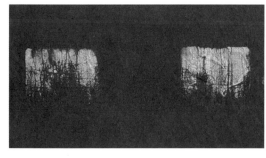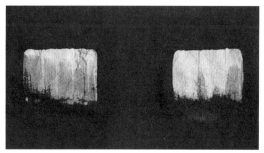

图3-2-7　低温高温、画蜡快慢的效果比较（图片来源：自摄）

2. 蜡温实验二

该实验是用厚度不同的面料测试蜡液的渗透效果。选用两组面料，图3-2-8（a）是厚度为1.5毫米的提花粗麻面料，图3-2-8（b）是厚度0.5毫米的平纹棉布，用同样温度的蜡液、同样手法画蜡、正常染色2~3次后观察其透蜡和渗透状态。

实验结果为：左侧厚实面料其透蜡效果明显不如右侧的棉布。可见透蜡效果直接影响最终效果，当无法完全透蜡，染色时背面会染上蓝色，直接影响防染效果。

如图3-2-9所示，可以看出蜡液温度高低及覆盖的厚度、均匀程度直接影响画面效果。

（a）厚面料正面和背面　　　　　　　　　　（b）薄面料正面和背面

图3-2-8　蜡的渗透面料正反面对比（图片来源：自摄）

（a）蜡液完全渗透图　　　　　　　　　（b）蜡液未完全渗透图

图3-2-9　蜡的渗透防染效果对比（图片来源：自摄）

（二）蜡的阻隔

蜡的阻隔利用了蜡遇热融化渗透在面料纤维表面和缝隙中、遇冷或在常温呈固体状的特性，其具有防水性，在染色时防止染液渗透到纤维中达到防染效果（图3-2-10）。

图3-2-10　蜡的阻隔原理示意图

蜡染的阻隔防染和扎染、夹缬不同。扎染、夹缬是借用线绳和夹板等工具系扎捆绑的防染方式；蜡染和灰缬是利用自身的防染物覆盖面料、阻隔染液来防染，这种阻隔方式更直接有效（图3-2-11）。

蜡染原理中，可以从蜡染的"防"和蜡染的"染"两点拓展：

蜡染的防：阻挡—覆盖，隔离—蜡的热熔、冷凝；

蜡染的染：渗透—叠加，层次—染液的温度、套色。

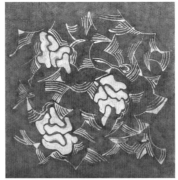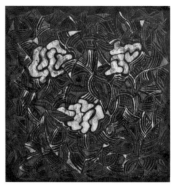

图3-2-11　蜡的阻隔及退蜡后的效果（图片来源：自摄）

（三）蜡染的"防"

传统四缬都属防染染色工艺，扎染用遮挡、渗透和压力的原理染色；蜡染更多的是"防"，通过蜡覆盖在面料上形成对染液的阻断，达到防染目的形成纹样。两者的区别是扎染纹样具有偶然性，蜡染和型染的纹样具有主动性，绘制的纹样在图形寓意、内容上有具象的描绘和表达。

1. 蜡防染的作用

蜡防染通过蜡的热熔、附着和防水性能，可以达到如下作用。

（1）阻挡作用：蜡染首先是利用蜡不溶于水的原理，通过加热蜡，借助工具将蜡液涂画在面料上，达到阻挡面料染色的目的。

（2）覆盖作用：从这个层面上说，覆盖的力度、面积、遮盖的材料都会导致不同的结果。在蜡覆盖时，蜡的温度、运笔的快慢也会造成不同的覆盖效果。

（3）隔离作用：蜡的阻挡特性除了阻挡染液渗透面料染色，还可以利用蜡不溶于水的特性做隔离的效果，将不同颜色的色块用蜡画的线条、块面做隔离。

2. 蜡防染的制约

用蜡防染时，会受到如下因素的制约。

（1）蜡的热熔与冷凝：蜡在使用时遇热融化，方可借用各种工具绘制，蜡的温度不同，形成的效果也不同。蜡温过高时，蜡遇到面料会快速晕开，很难保持精细、准确的形状；温度低时，蜡液难以渗透面料，又无法达到防染的目的。传统蜡染手艺人通过控制炭火、炭灰的状态掌控蜡温的高低；现代蜡染时温度的高低可以通过控温的融蜡设备完成。

（2）蜡的黏度：蜡的品类和比例会呈现不同的线条和冰裂纹，按照我们通常使用的石蜡、蜂蜡比例来说，蜂蜡的黏度比石蜡高，适合细密连绵的线条，石蜡冷却后相对较脆，易产生冰裂纹。因此要根据自身的画蜡需求，多次实验和积累经验决定两种蜡的比例，在正式画之前需要用实验样布测试画蜡、染色后的效果再绘制。蜡在融化时有较强的黏合度，可以利用此特性塑造一些独特的造型。

表3-2-1　不同比例石蜡、蜂蜡的冰裂纹和染色未退蜡效果比较

面料		石蜡100%	石蜡50%＋蜂蜡50%	蜂蜡100%
真丝欧根纱	涂蜡			
	染色及冰裂纹			
棉布	涂蜡			
	染色及冰裂纹			

　　表3-2-1中的实验选用两种面料：真丝欧根纱和棉布，分别用100%石蜡、50%石蜡＋50%蜂蜡、100%蜂蜡实验其冰裂纹的状态。在刷蜡、手攥、冰冻、染色后，可以看到较薄的真丝面料不易挂住蜡，更易出明显的冰纹效果；相对而言较平实的棉布能吸纳更多蜡液；石蜡比蜂蜡更脆，同样的面料石蜡更易出冰裂纹。

　　3. 蜡染的特点

　　蜡染最大的特点是"可绘性"。蜡染从初始阶段、无意识蜡的滴落，到主观控蜡绘制，标志着蜡染进入一个艺术创作和图像表达的新境界。热蜡融化为液态时，其性能与水相似，快速移动画蜡工具时可以蜡作画。这一点给蜡染极大的空间和自由度，借助手绘创作出形形色色的纹样图形。有的艺术家甚至借用蜡染的可绘性，以蜡为媒介创作绘画作品。蜡染创造者既是一个手工艺人，又是一个具有绘画能力的艺术家，可以借助绘画给予蜡染更多

的情感表达，更广阔的意境表现。

4. 蜡的性能作用

蜡除了具有防染的性能外，热蜡还有一定的"黏合性"，可以将两层材料黏合在一起；在材料表面涂刷蜡液，待冷却后材料的硬度有所改变，具有一定的"塑形性"；此外用蜡涂在材料表层还有一定的"防水性"，增加其亮度。这些性能都是在蜡染的过程中逐渐发现的，如何利用这些性能，需要更多的尝试（图3-2-12）。

图3-2-12 蜡的塑形性与黏合性（图片来源：自摄）

（四）蜡染的"染"

传统植物染的染色方法和第二章"扎染"的原理相同，都具有蓝靛染色"叠加"色彩增深的原理。

1. 蓝染蜡染的叠加

蓝染蜡染的叠加是利用蓝染的特性，在染液渗透染色的同时，用"叠加"的手法，利用蓝染多次染色、多次氧化的原理，可以染出不同层次的蜡与蓝（图3-2-13）。

图3-2-13 蓝染叠加效果（图片来源：自摄）

2. 彩色植物染蜡染的叠加

彩色植物染蜡染的叠加是指利用不同染材的色相叠加，可以出现不同套色的效果，再借助蜡的覆盖呈现丰富的层次。

彩色植物染在染色之前要设定出染色的环节，确定染色的顺序，预先设置染色的效果。在选择彩色染材时，要选择能相互配搭、覆盖、套色的染材。例如，可以借助染黄色的黄檗或槐米套蓝靛，呈现"黄、黄绿、绿、墨绿、蓝"的丰富效果。在做彩色植物染蜡染时要对彩色植物染染材、媒染剂和染色属性有透彻的了解，基于大量的染色实验方可达到理想效果。

三、蜡染阻挡的技术元素

蜡染阻挡的技术元素包含使用不同的蜡染工具绘制时使用不同的技术手段，常用的蜡染技术元素有画蜡、点蜡、刷蜡、泼蜡、沾蜡、浸蜡、涂蜡、喷蜡、印蜡等。

（一）画蜡、点蜡

画蜡、点蜡是指用毛笔、蜡刀、蜡壶等工具手工绘制、涂绘（图3-2-14）。在贵州等地将画蜡称为点蜡，由于蜡在绘画过程中快速由热蜡的流动液态变为固体状态，所以在用小木棍、小竹条画蜡时速度要快，线条相对要短一点，故称点蜡。当用具有保温功能的金属蜡刀画蜡时，可以画出绵延的长线条。

图3-2-14　云南彝族白倮人用小木条点蜡（图片来源：人民网云南频道）

（二）涂蜡

涂蜡是指大面积平面涂抹蜡，达到防阻染液的目的。涂蜡时要注意均匀涂蜡、蜡的厚薄、运笔的快慢，蜡的温度影响涂蜡的渗透效果。如图3-2-15所示是贵州丹寨宁杭蜡染公司未染色的画蜡作品，在底布上大面积的涂蜡反衬出花鸟的形态。

图3-2-15　丹寨宁杭蜡染的涂蜡（图片来源：自摄）

（三）泼蜡

泼蜡是指利用蜡的热熔性能，将热熔后的蜡按照意图泼洒在材料上，混合颜料后形成流动、晕染的抽象效果，不仅适合在染缬中使用，还适合在蜡画中使用，是艺术创作的常用手法。构成泼蜡不同效果的主要因素有：不同的泼蜡工具、泼蜡的流量和泼洒的角度与力度。泼蜡的流量小会形成滴蜡的效果，流量大会形成随机、抽象的图像（图3-2-16）。

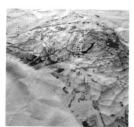

图3-2-16　刘子龙老师在示范泼蜡、画蜡的技艺（图片来源：自摄）

（四）印蜡

印蜡有两种：手工印蜡和机器印蜡。手工印蜡是用模具印章在面料上用蜡印制纹样的一种方法。机器印蜡是利用机械纺织印花的原理。印蜡是蜡染的一个发展方向，从手工转向批量生产，才能更好地推广蜡染，被更多人接受，也会相应降低成本。

（五）沾蜡、浸蜡

沾蜡、浸蜡是指将面料按照意图折叠或扎染成形，在蜡锅中沾蜡、浸蜡，趁蜡热时迅速拉开面料，形成自然的沾蜡纹样。折叠的方式不同，形成的纹样也不同。图3-2-17是折叠面料后沾蜡染色的效果，图3-2-18是自然揉皱面料后多次染色、多次沾蜡的效果。浸蜡和扎染的染色部位相反，可以结合其他手法，形成快速、简单的无机、随意、抽象纹样。

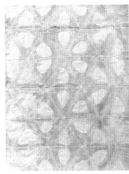

图3-2-17 折叠沾蜡形成的较为规则的图形（图片来源：自摄）

图3-2-18 自然褶皱后多次染色多次沾蜡的不规则效果（图片来源：自摄）

（六）喷蜡

喷蜡是指利用工具喷弹大小不同的蜡点，使之层次错落、疏密有致，加之多次蓝染、氧化和多次喷蜡会形成富有层次、朦胧细致、深邃的美感。喷蜡要学会利用工具，尝试不同的工具喷蜡达到喷点细密均匀、疏密可控范围佳品（图3-2-19）。

图3-2-19　喷蜡（图片来源：卓也小屋2017年参加深圳国际植物染艺术联展作品局部）

（七）裂蜡、冰裂纹

裂蜡、冰裂纹是指利用石蜡在固体的时候易碎的特性，可以使其自然冷却后揉搓出裂纹，也可以将其放在冰箱急冻，使其脆硬，揉搓出裂纹，在染色时会渗透染液，形成冰裂纹，这是蜡染独有的效果。冰裂纹的疏密和走向，需要多次实验积累经验，也可以通过控制蜡的厚薄、石蜡的比例、蜡温高低、揉搓的手法来控制冰裂纹的疏密、纹路的走向，使其由不可控到可控，表达创作者的意图。

第三节
蜡染的工艺流程

一、画蜡的前期准备

（一）纺织品面料的准备

蜡染第一步要根据绘画风格和题材准备好画蜡的纺织品材料，充分考虑纺织品的质地、厚薄、光滑毛涩以及幅宽尺寸。为了线条流畅通常用蜡刀、蜡壶，绘制时要考虑面料的平滑感，用毛笔或其他工具时可借用各种肌理的材质来表达不同笔触。

棉麻类面料要考虑是否需要染前脱浆处理，蓝染蜡染前将面料用热水浸泡20分钟以上晾干备用；手织棉布和麻布要用草木灰水、碱性洗衣粉煮泡一段时间，以便去除面料的浆和杂质，清洗晾晒熨烫平整后备用。

（二）画蜡的图形准备

在画蜡前对画蜡的图形、构图做好充分的准备，可以用铅笔或褪色笔将构图画到面料上。图形复杂或多次染色时，要标注染色的顺序和染色的深度。贵州很多少数民族蜡染手艺人都是胸有成竹，不打草稿。丹寨宁杭蜡染传承人都是手持蜡刀直接画蜡，并根据图形构图需要，自由添加一些花鸟纹样（图3-3-1）。

图3-3-1 胸有成竹的丹寨宁杭蜡染传承人（图片来源：自摄）

（三）画蜡工具的准备

画蜡工具多种多样，要根据自己的绘画题材和风格选用不同的金属蜡刀、蜡壶、竹条、毛笔、棕榈刷、鸡毛鹅毛管、金属丝等工具。

可以选用不同粗细的蜡刀或不同形状的蜡刀，如半圆形、三角形、斧口形等，绘制不同的线条，通常刀尖绘制细致的地方，用刀口的侧面绘制直线和长弧线。

毛笔画蜡风格不同，可以画线，可以绘面，其运笔的痕迹、飞白的效果是毛笔画蜡所特有的。圆头毛笔、扁平排笔形成的笔触不同，多加尝试寻找适合自己风格的毛笔。毛笔的质地选用猪鬃、狼毫，其耐热性比羊毫稍好一点。毛笔画蜡最重要的是控制蜡温，否则毛笔会烫缩，无法使用。此外竹条、棕榈刷、鸡毛鹅毛管、金属丝等很多身边之物，只要耐热都可以尝试画蜡。

（四）蜡的准备

蜡的比例和蜡温都需要提前测试，要根据绘画题材和绘画风格选择蜡的配比。通常蜡的混合是蜂蜡混合石蜡、牛油混合枫树脂；通常蜂蜡和石蜡的比例是3：7，枫树脂和牛油的比例是6：4。不同地区也会根据绘制的需要采用不同的配比。

（五）染液的准备

1. 蓝染缸的准备

传统古法蓝染缸要在前一天根据染液的颜色、靛花泡沫的颜色适当补充靛泥和营养剂、碱，使其确保良好的状态。蓝染蜡染为了彰显蜡的清晰纹样，多染深蓝色，因此缸的状态好，染色才能顺利。在染渐变蜡染或独特效果的蜡染时，要提前用小样布染色、氧化、晾晒来试样，确定蓝染的深浅、掌握染色时间、次数后方可染色。

2. 彩色植物染的准备

（1）染材的选择：根据染色需求选择适合的植物染材，并根据染色面料的数量，确定染材的数量。

（2）染液萃取：染液应提前备好，通常提前一天准备好染材，或清洗浸泡，或敲碎磨粉，每次按6～8倍的比例加水萃取色素，水沸腾后改小火煮30分钟，得到一次萃取的染液。通过重复2～3次的萃取获得染液混合后待用。

（3）染液温度：染彩色植物染时要确保染液恒温（40℃左右），否则影响染色效果。

（4）染色时间：染色时间一般在20～30分钟。

（六）辅助工具的准备

蜡染和型染在染色环节都要尽力保持面料的平整，在染液中不能揉搓和大力拉扯，这些都会使蜡和型染糊脱落造成染色效果不佳，通常需要借用辅助设备和工具解决问题。蜡染、型染小块物品时会用竹质的细绷子来支撑面料，使其染色时保持平整。大块面料，不仅需要大尺度的染缸，也需要大的金属六角支架固定面料辅助染色（图3-3-2）。

图3-3-2　小块面料染色的辅助工具——绷子，以及大块面料染色的辅助工具——六角支架（图片来源：自摄）

二、画蜡

传统蜡染的绘制或借用剪纸拓印图形，确保纹样的一致性和传承；或借用小树枝、指甲按压出纹样的位置、间距，在此基础上一步步画蜡（图3-3-3）。现代蜡染绘制通常用铅笔画出位置和轮廓；或者将面料折叠，按照折痕绘制；还有直接用水溶笔或褪色笔绘制草图。

图3-3-3　蜡染的步骤（图片来源：北京服装学院服饰博物馆公众号）

正式画蜡前要在测试布料上试画一下，观察面料背部是否透蜡，如果蜡温合适会均匀透蜡，温度低时正面有蜡而背面不透，染色后背面会渗色导致正面会呈现浅蓝色。

（二）绘制要点

熟练地掌握画蜡要从基本功练起，控蜡、画线、涂蜡都是画蜡的基础。

1. 控蜡

画蜡时将蜡刀、蜡壶在蜡锅中加热几分钟，使蜡刀、蜡壶内原有的蜡融化流动，并蓄入新的热蜡，但过多的蜡会从蜡刀、蜡壶中漏出来，在沾蜡后要用蜡刀在锅壁上轻轻弹一

图3-3-4　控蜡（图片来源：自摄）

图3-3-5　画线（图片来源：自摄）

下，或将蜡壶稍稍倾斜一点，将多余的蜡液抖出，留适量的蜡液在蜡刀、蜡壶内以便绘制。控蜡是画蜡的第一步，蜡液过多会滴落在画布上形成疵点；蜡液过少则无法完成较长的线条。控蜡要控制蜡的容量和蜡温，同样，用毛笔或其他工具画蜡也要注意控蜡。蜡，滴到布上就是一个白点，很难补救，所以控蜡是画蜡的基本功（图3-3-4）。

2. 画线

用蜡刀、蜡壶和毛笔画蜡时，首先要练习画线的能力，线的长短、曲直都要得心应手，起笔落笔时蜡要均匀一致，不能忽粗忽细。用蜡刀画线时用的是手腕的转动，要利用好蜡刀的刀尖刀背，画不同的线条。用毛笔画蜡最能彰显个人的绘画功底或书法功底，和蜡刀画均匀线条不同的是，毛笔画蜡可以利用毛笔的笔触，绘出不同的视觉效果。笔慢时，蜡凝重厚实，画面染色后留白明显；笔急时，蜡透薄轻快，画面会部分透蓝色染液。快速运笔或沾蜡较少时，会和国画书法一样出现飞白效果，运笔自如同国画书法的道理一致，需要多加练习和揣摩（图3-3-5）。

3. 涂蜡

涂蜡是指较大面积画蜡的效果，通常用排笔均匀涂蜡，也可以画出不同的笔触。如果需要平整的涂蜡效果，涂蜡时要控制蜡的均匀度、画蜡的速度、画蜡的厚薄等因素；但要想绘出有层次变化的"面"的效果，涂蜡时可以变化运笔的迟缓快慢和厚薄，以此形成涂蜡后的变化效果。

此外，涂蜡也要注意蜡温，蜡的温度不同，透蜡效果不一样，可以直观地在面料背面看到效果。涂蜡看似简单，但透蜡不均时，染完后绘呈现深浅不一的蓝。

三、蜡染染色

（一）染前面料浸泡

染前面料应充分浸泡10分钟以上，为了保证蜡染的完整，在浸泡时要注意动作轻柔，悬挂自然沥水，不能揉搓搅拧。如果面料面积大、厚实、密度大，可以延长浸泡时间或适当加温水浸泡，使面料充分浸水，方便染色时染液的渗透。

（二）染色过程

蜡染面料在染色时首先要尽量保持面料的平整，这一点和型染相似。蜡染时将面料悬挂固定在横杆上，或用撑架将面料支撑，保持平整、方便的染色和氧化。蜡染后的面料在浸泡、染色和晾晒时要注意不能揉搓拧绞，否则会导致蜡脱落或形成多余的冰纹，破坏蜡染纹样的图形。此外蜡染的染缸通常要足够大。

（三）染色时间

染色时间要根据绘制纹样、面料厚薄及染缸的状态决定，通过染前的小样实验，确定染色的次数和时间。通常纹样线条越细，每次的染色时间要缩短，需要多次染色来加深颜色；厚实的面料可以延长染色时间。为了彰显蜡染纹样的清晰度，通常蓝染蜡染会将蓝色染至深蓝，这通常要染10遍以上；蜡染的氧化也要充分，为了更好的固色效果，每次氧化时气温都要适宜，一般选择干爽的晴天来染色和氧化。每次氧化时晒干，一方面可以看到颜色的深度，另一方面可以加强固色效果。

彩色植物染同样要确保大的容器和充分的染液，使蜡染面料不会堆积皱褶，同时确保染液的温度不超过50℃，否则蜡会溶化。将画蜡的面料浸入恒温染液中持续染色20～30分钟即可。

（四）褪蜡

染完后漂洗面料表面的浮色，充分晾晒后，在沸水中褪蜡。褪蜡时要选择大容器沸水褪蜡。如果是蓝染蜡染，可以在热水里加适当的碱或洗衣粉，面料在热水中煮2～3分钟后，蜡脱离面料露出白色底色。在面料离开沸水时，水的表面浮着一层褪下来的浮蜡，要借助沸水向四周滚落时，在沸水中央一边摇动面料一边慢慢提起，避免面料再次沾染水面上的浮蜡。通常一次褪蜡较难完全褪干净，可以多次褪蜡。最后放在冷水中彻底用皂粉清洗，晾晒完成。

彩色植物染的蜡染褪蜡要十分小心，不能加碱，否则会引起变色。另外在褪蜡前要彻底清洗面料的浮色后方可退蜡，否则会造成颜色的相互沾染（图3-3-6）。

图3-3-6　手绘彩色植物染和凹版蜡染彩色植物染（图片来源：自摄）

若是蜡染绘画作品，还可以用熨斗垫纸的方法加热褪蜡。有的甚至保留蜡在面料上，作为蜡染绘画的独特语言呈现。

四、染后处理

（一）蓝染过醋

蓝染后的面料，特别是渐变的蜡染蓝染作品，浅色和渐变部位时间长了会泛起茶黄色的痕迹，这是靛泥中的杂质和靛红素在染色后慢慢浮现引起的。蓝染除蜡后的面料需用加适量白醋的水浸泡，不仅可以去除蓝靛的味道及杂质，也使蓝染过程中过多的碱性得以平衡。过醋后的蓝染蓝白分明，色泽更加清透明朗。

（二）彻底清洗

过醋后的蓝染面料晾干后彻底清洗，可以用中性洗涤剂或皂粉洗涤面料，水清后晾干。

（三）熨烫

蜡染后的面料熨烫要妥善收藏，大块面料可以卷起收藏保持平整；衣服可以悬挂收藏。

（四）避光保存

所有的植物染作品都要避光收藏，可以用深色的面料覆盖、包裹；或折叠后放在封闭的盒子、箱子内收藏，待2~3个月后色泽稳定再使用。

第四节
蜡染的工艺与技法

一、蜡染染色的工艺与技法

（一）单色蜡染

单色蜡染指画蜡后用单色植物染色。单色可以是蓝染，也可以是彩色植物染。

1. 蓝染蜡染

（1）原理：遵循蜡阻隔防染＋蓝染叠加染色的原理。蓝染单色染借助蓝染多次叠加、多次氧化染色的特性，虽然只染蓝色，却可得到深浅不一的蓝以及防染后从白到各色蓝叠加的图形（图3-4-1）。

（2）方法：画蜡+蓝染+再画蜡+再蓝染的多次重复。蜡染的单色叠加每次都需要面料晾干后再次画蜡。蓝染蜡染根据画蜡顺序可分为先蜡后染和先染后蜡。①先蜡后染：先将白布前处理，按照草图构图画蜡，完成后将面料浸水，放入染缸或染液中染色。蓝染蜡染通过多次染色、多次氧化完成染色过程；彩色植物染也是同样的染色步骤。这样染制的效果脱蜡后为白色纹样，深蓝色或其他色的底色。②先染后蜡：处理好白布后，可以先染浅色、渐变色或用扎染、晕染完成底色的染制，清洗晾干后按照图像画蜡防染，再多次染色氧化，完成后脱蜡漂洗。这样染制的效果，在脱蜡后不是白色，而是第一遍染色的底色。这种方法虽然是单色染色，但会呈现较为丰富的效果（图3-4-2）。

图3-4-1　单色染的多次染色、多次氧化、多次叠加的过程图（图片来源：自摄）

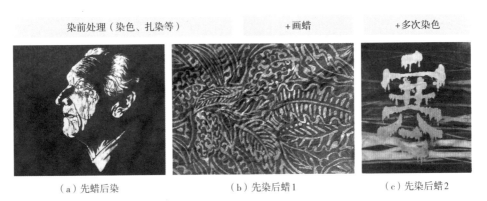

（a）先蜡后染　　　（b）先染后蜡1　　　（c）先染后蜡2

图3-4-2　先蜡后染与先染后蜡效果对比（图片来源：自摄）

（3）蜡染蓝染叠加：可以是"蜡＋蓝＋蓝＋蓝"，即先画蜡，再多次蓝染的方法，通过多次叠加的蓝染和氧化后出现不同深浅的蓝色，最终退蜡后出现"白色底色＋不同色阶蓝"的效果；也可以是"蓝＋蜡＋蓝＋蜡＋蓝"，即先蓝染，根据前期的设计意图界定蓝染的次数和深浅，为了后续丰富的层次，底色的蓝可以稍微浅一点，之后画蜡，再蓝染、再画蜡、再蓝染，多次重复后达到预期效果。这种画蜡方式和通过叠加得到层次丰富的色阶效果，叠加后得到多层的防染效果和多层次的蓝色（图3-4-3）。

图3-4-3　蜡的叠加和蓝的多次叠加效果（图片来源：自摄）

2. 彩色植物染蜡染

（1）原理：遵循蜡阻隔防染＋彩色植物染浸染、媒染的原理。彩色植物染相对于蓝靛染色来说，是指需要加热萃取色素的植物染，如茜草、苏木、槐米、黄檗等。彩色植物染的深浅通常通过控制染液浓度和染色时间来达到理想效果。

（2）方法：①首先是在彩色蜡染染色时特别要注意染液的温度。蜡的熔化温度在60℃左右，所以染液温度要控制在30~40℃，低于30℃染色效果不佳，高于50℃蜡容易溶解，无法达到防染的目的。②染彩色单色渐变色或浅色时，可将染液分在不同的盆里加不等量的水，稀释成不同浓度的染液，染制深浅渐变的颜色；或将不同批次的萃取染液分装，通常第一道萃取染液浓度高，第二道、第三道萃取颜色浓度逐渐减弱。③通过控制染色时间可以达到不同深浅的效果，染色时间短则颜色较浅；时间长则面料吸色多，相对颜色较深。④控制染液的深度，比较深的颜色会凸显画蜡的纹样和痕迹。⑤彩色植物染还有一个特性是和面料材质有关，同样的染液用不同材质的面料染色和不同媒染剂其显色不同。图3-4-4中罗列的是常用的四种染材苏木、莲蓬、洋葱皮、槐米在原液、明矾、皂矾不同的介质下，用丝绸和棉布试样的结果。皂矾在铁离子的影响下颜色加深，而丝绸特别是生丝纱（欧根纱）在多数情况下色彩反应效果会明显。图3-4-5同样用茶加皂矾染色，上衣部分为真丝欧根纱面料，显色为深棕色；而裙子质地为棉麻混纺，显色浅，为灰驼色。

（3）茶染画蜡的方法：画蜡＋植物染＋再画蜡＋再植物染、多次重复。①准备茶染液，按照水茶比为8∶1比例的煮茶500克，水开后转小火持续煮30分钟，滤除第一道染液；用同样的方法再煮得到第二、第三道染液，加皂矾媒染剂备用。通常彩色植物染会将这三道

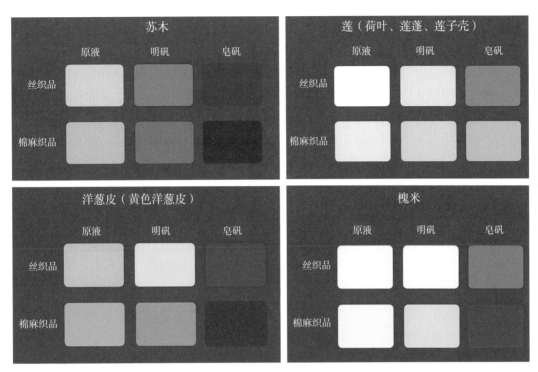

图3-4-4 染材苏木、莲蓬、洋葱皮、槐米在不同媒染剂下、不同材质的显色（图片来源：自摄）

图3-4-5 茶染＋蜡染＋渐变效果（图片来源：孙枫作品及摄影）

染液混合后使用，由于此次想得到渐变色效果，所以将较浅的第三道染液单独染色。②按照设计草图完成第一次画蜡；面料打湿、浸泡后在第三道染液中染第一遍色，注意渐变部位的自然衔接。通常可以在渐变位置多喷水达到稀释作用，也可以在染色时缩短染色时间，达到染色浅的目的。保持染液温度在30～40℃，染5～8分钟后，清洗浮色、晾干。③第二次画蜡后投入第二道混合染液中，注意渐变部分衔接自然。保持染液温度染10分钟后清洗晾干。④第三次画蜡后投入第一道较浓的染液中染较深的底色。保持染液温度在30～40℃再染10分钟后，清洗晾干。再沸水除蜡，清洗晾干，完成全部过程。

（二）多色蜡染

用两种或两种以上染液染色的方法叫多色染或复色染。植物染可以利用染液覆盖染色的特性，达到多色渐变、覆盖、重叠的多重复合色效果。如苏木＋栀子之间形成红—橙—黄的转变；蓝靛＋槐米之间形成蓝—绿—黄的色阶；如蓝色系套茶色系、黄色系套茶色系等对各种染材之间套色叠加的大胆尝试，会为彩色蜡染增加更多的效果。

多色蜡染染色遵循蜡阻隔防染＋彩色植物染浸染、套染、媒染的原理。在多色蜡染中，同样由于画蜡顺序产生不同的效果：先蜡后染是指蜡＋彩色植物染，可以呈现白底防染加彩色植物染的效果；先染后蜡是指彩色植物染＋蜡＋彩色植物染＋蜡＋彩色植物染，呈现不同色泽的彩色植物染和不同深浅明度的蜡染效果。

1. 彩色植物染先蜡后染的方法

（1）案例一：①将适量槐米放在锅中微小火翻炒，使白绿色生槐米炒至微黄断生，有香味溢出。②加8～10倍的水煮沸，转小火煮30分钟滤出染液；加同样的水再次重复萃取染液，将3次萃取染液混合后，加明矾搅拌融化后，槐米染液已显现出明亮的黄色。③印蜡或画蜡后，浸泡面料，沥水。④画面先染蓝色，视染缸状态控制染色时长，2～3次重复染色、氧化来完成蓝色的渐变效果，洗掉浮色。⑤将面料按照预想效果部分或全部放入槐米染液中，保持染液温度为30～40℃，染出黄—黄绿—墨绿的渐变效果，全部完成后洗掉浮色，沸水除蜡，晾晒完成（图3-4-6）。

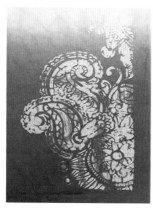

图3-4-6　蜡＋彩色植物染槐米套蓝靛过程图（图片来源：自摄）

（2）案例二：①提前浸泡茜草和槐米，槐米萃取方法同上（方法略），茜草根同样加8倍量的水，煮沸后转小火30分钟，滤出染液，将3次萃取的颜色混合，加明矾分置在两个容器内待用。②先在白布上用蜡画白色的鱼，做第一道防染；浸泡面料、沥水待用。③保持染液温度为30~40℃，晕染手法15分钟局部染槐米的黄色，清洗浮色晾干。④在黄色部分画蜡（黄色的鱼），做第二道防染。⑤保持温度和染色时间用晕染手法局部染茜草的红，局部晕染蓝染两遍，清洗晾干。⑥在红色和蓝色部分画蜡（红色和蓝色的鱼），做第三道防染。⑦局部晕染手法蓝染底色加深，清洗浮色后沸水除蜡，晾晒完成（图3-4-7）。

（3）案例三：①提前浸泡黄檗，加8倍量的水煮沸转小火煮30分钟，滤出染液，同样加水再萃取两次，将萃取的染液混合后加明矾放置在容器内待用。②用排笔按照图形白色部分画蜡、滴蜡，浸泡面料，沥水待用。③局部染黄檗的黄色，清洗浮色。④局部吊染蓝色，呈现深浅绿色和原有的黄色后，清洗浮色晾干。⑤按照黄色、绿色图形画蜡，封住部分图形。⑥再多次蓝染染深背景，清洗浮色、除蜡后完成（图3-4-8）。总之，多色蜡染的染色环节首先要控制染液的温度；其次是染色的位置和顺序，顺序通常是"先浅后深"，色彩叠加覆盖需要多加练习方可自如。

图3-4-7　彩色植物染+蜡+彩色植物染的叠加（图片来源：自摄）　　图3-4-8　彩色蜡染绘制（图片来源：自摄）

2. 彩色植物染"先染后蜡"的方法

先染后蜡即先染色、再画蜡的过程，也可以多次画蜡、多色叠加形成丰富的多色彩效果。先染后蜡的原理是蜡阻隔，通过覆盖防染+彩色植物染的色彩叠加、套色、媒染完成。其方法是染浅色（遵循从浅到深的原理）+蜡+染深色+蜡+染底色。

先染后蜡方式案例如下。

（1）提前浸泡茜草和黄檗，茜草、黄檗萃取方法同上（方法略），将两种萃取的染液加明矾分置在两个容器内待用。

（2）在白布均匀染黄檗的黄色，清洗浮色、晾干。

（3）按照图形画蜡，勾勒花卉、花瓶、桌面图形，做第一道黄色线条防染。

（4）画面上半部分（花卉位置）染茜草的红色，清洗浮色、晾干。

（5）花卉红色部分封蜡，做第二道红色花卉防染。

（6）画面下半部分用蓝靛染2~3次（染花瓶部分），清洗浮色、晾干。

（7）花瓶部分再次封蜡，做第三道花瓶浅蓝防染。

（8）多次染背景的蓝色，由于上半部分染过茜草的红色，所以上面背景呈现蓝紫灰色。完成后，清洗浮色、脱蜡（图3-4-9）。

图3-4-9 彩色蜡染绘制（图片来源：自摄）

多色染色完成后，在热水除蜡环节会出现退蜡，同时热水会煮掉一些浮色，造成这些浮色再次沾染其他颜色和底色。因此，为了色彩达到预想的效果，每次染色后在套色叠加前，应首先清洗干净浮色，除蜡的热水保持清透干净，确保色彩的呈现。

除了叠加套色外，蜡染还可以结合渐变染、云染、扎染等工艺，使其呈现丰富的效果。

二、滴蜡的工艺

回顾蜡染的初始阶段，蜡的偶然滴落是蜡染的起点，也是无穷演变的源头。蜡的热熔性和冷凝性，即滴落—渗透—凝固，如水般滴落绽开又瞬间凝固，形成不同的形态。

（一）滴蜡

1. 方法

将蜡液溶化后，借用各种工具将蜡液滴落在面料上形成各异的蜡点；或用细木棍等沾蜡、点蜡形成有视觉效果、视觉目的图形（图3-4-10）。蜡液少时呈现"点"的形态；蜡液较多时呈现不规则、随机的"溅落"形态。

2. 工具

滴蜡工具有毛笔、舀蜡容器、竹签等。

从随机的"滴蜡"到有目的"点蜡"过程中，是蜡染画蜡特性的展现和操控能力的体现。在随机的滴蜡中更多是抽象和随意的表达，通过控制滴蜡的量、滴落的高度、滴落的

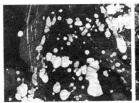

（a）滴蜡　　　　　　　　　　　　　（b）点蜡

图3-4-10　滴蜡与点蜡的过程（图片来源：自摄及网络）

工具、滴落的疏密来控制图形达到自己的预期视觉效果。滴蜡具有偶然性、不可控性，不同面料、不同温度的蜡，滴落的高度、溅落效果不一。点蜡相对容易控制，通过有意识的点蜡构成图形，可以清晰地表达视觉意图。

（二）喷蜡

1. 方法

喷蜡是利用工具将热熔的蜡液喷洒在面料上，形成大小不一的细密点，达到朦胧细密的效果。喷蜡的"点"更细小，呈现自然、无规则的效果。喷蜡的疏密和重叠、喷落点的大小是喷蜡的关键，需要大量练习掌握其规律。也可以借多次蓝染、多次喷蜡做到丰富的层次效果。同时可以利用辅助工具遮挡，做到喷蜡的图形可控。

2. 工具

喷蜡工具包括金属刷、刷子＋刮、棕榈刷、辅助工具剪纸图形、模板等。

如图3-4-11所示为多次染色、多次喷蜡，达到多层次、朦胧的效果。首先按照图形设计意图用剪纸的方法遮挡部分面料进行喷蜡，注意喷蜡的重叠和疏密，按照图形意图在画蜡后染色、氧化、晾干；第二次喷蜡和画蜡后进行多次染色氧化，完成后除蜡，晾晒完成。

（三）甩蜡、泼蜡

1. 方法

甩蜡和泼蜡都是利用各种工具将蜡液抛甩在面料上形成偶然性的效果。文献中记载的印度的泼蜡

图3-4-11　喷蜡、画蜡，叠加两次蜡染（图片来源：自摄）

方式是将融化后的蜡液泼在面料上，拉动面料四角让热蜡流动，达到任意流淌的效果。甩蜡和泼蜡在偶然性中有一定的可控性，如其使用的工具，大到碗碟水壶，小到勺子等形成不同的泼、甩视觉效果；甩蜡泼蜡的角度、方向和甩蜡的量也具有一定的可控性，决定甩

蜡、泼蜡的图像大小和形状。此外，可以借助甩蜡、泼蜡时大面积蜡液很难瞬间凝固的特征尝试"泼蜡+流蜡"的效果，让蜡液流动（图3-4-12）。

2. 工具

甩蜡、泼蜡所用工具包括蜡刀、蜡壶、毛笔甩蜡（抛物线形），容器泼蜡（块面溅落形）。

三、画蜡的技法

画蜡的技法是指利用不同的工具（蜡刀、蜡壶、毛笔、印章等）达到不同的画蜡效果。

图3-4-12　泼蜡、甩蜡、滴蜡、流淌效果（图片来源：自摄）

（一）点

点是蜡染中最基本的元素，点有疏密大小之分，或连缀成线，或散落成点，和线相辅相成，通过点形成线的创造来完成花纹和图案，构成艺术语言与艺术美感，是民间蜡染造型的基本手段。

1. 竹签、细木棍画的点

用竹签或细木棍画点沾蜡有限，画蜡时间很短，画3~4个点就需要重复蘸蜡（图3-4-13）。

2. 蜡刀画的点

可以利用蜡刀方便的画蜡性，绘制大小不一的点，蜡刀良好的保温性能使蜡点绘制更加快速、可控（图3-4-14）。

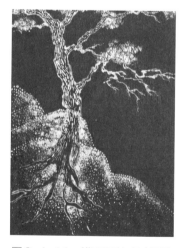

图3-4-13　竹签、细木棍画的点（图片来源：自摄）

图3-4-14　蜡刀画的点（图片来源：自摄）

3. 蜡壶画的点

和蜡刀相似，蜡壶的保温性使蜡点绘制更加简单快捷。蜡壶的大容量又使一次性画蜡时间更长，很适合绘弧线和点。要掌握用点蜡的速度来控制点的大小（图3-4-15）。

4. 毛笔画的点

毛笔绘点可绘可甩，结合毛笔的画蜡可以达到丰富的效果（图3-4-16）。

（二）线

1. 蜡刀画的线条

蜡刀其结构很适合画直线和有张力的长弧线和短线，利用蜡刀的特性绘制有装饰感的图形和细密线条组成的图形都非常适合。蜡刀行蜡顺畅，表现力丰富，既可形成装饰趣味，呈现极为丰富的视觉效果，又可绘制细腻、典雅、带有民族风格的程式化纹样（图3-4-17）。

2. 蜡壶画的线条

蜡壶在画蜡时和蜡刀在不同，更适合画圆弧线；适合细腻、灵动和曲线为主的构图（图3-4-18）。

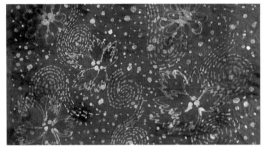

图3-4-15　蜡壶画的点（图片来源：自摄）

图3-4-16　毛笔画的点（图片来源：自摄）

图3-4-17　蜡刀画的短线与长线（直线、弧线）的运用（图片来源：自摄）

3. 毛笔画的线条

毛笔规格型号的不同，可以形成不同粗细的线条。毛笔的表现力丰富，其画的线曲直、长短、粗细变化多端，落笔画线有轻重缓急之分，或飞白，或凝重，形成不同蜡染的效果（图3-4-19）。

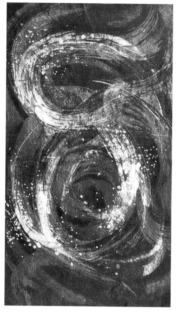

图3-4-18 线的运用——蜡壶（图片来源：自摄）　图3-4-19 毛笔线的运用（图片来源：自摄）

（三）面

蜡染中的面可以用排笔或其他方式绘成，大面积蜡的使用相对较少。蜡染中的面会有涂蜡不均的问题，所以可以利用其斑驳不均的效果或是蜡独特的冰纹肌理作为表达语言。冰纹可以使蜡染的细节肌理更加丰富，蜡画坯布不断地被绘制和浸染，蜡迹遇折揉形成龟裂，染液便随着裂缝浸透在布上，留下了人工难以摹绘的天然冰裂纹（图3-4-20）。

图3-4-20 面的运用（图片来源：自摄）

四、印蜡的工艺

（一）凸版印蜡——模具印蜡

传统的凸版印花选用木制模具和金属铜制模具，其中木制模具要选用密度较高的材料，防止遇水变形，便于雕刻细密的纹样。金属铜制模具有独立纹样、二方连续纹样和四方连续纹样，其精致耐高温，适合蜡染印花（图3-4-21）。

图3-4-21　木制雕花模具和金属雕花模具蜡印效果（图片来源：自摄）

木制印模采用坚实的硬木雕刻，蜡印木模和印花模具有所不同。根据笔者收藏的印度模具可以看出印花模具雕刻的深度较浅，而蜡染模具雕刻较深，蜡在使用时会快速凝固，雕刻纹样太浅或纹样过精细都会在沾蜡时导致模具的沟渠缝隙沾满蜡液，使纹样模糊不清。铜制的印模保温耐热、相对不易沾过多的蜡，可以制作精细纹样。

印模印蜡在制作时主要存在蜡温的问题。

（1）蜡的温度决定印蜡纹样的清晰度，表3-4-1是用木制、金属制印模在不同温度下的印花效果，温度从60℃到140℃以上，从实验效果来看，温度低时无法印制完整的纹样；温度高于140℃时、蜡熔化过度，图形模糊；在90～100℃时印蜡效果相对清晰。

表3-4-1　不同温度印蜡效果对比

印蜡方式	60℃	80℃	100℃	120℃	140℃以上
木制模具印蜡					

印蜡方式	60℃	80℃	100℃	120℃	140℃以上
金属模具印蜡					

（2）为了保证蜡纹清晰，在印制时速度要快，特别是木制模具。蜡锅要和印蜡工作台靠近，缩短蜡冷凝的时间。

（3）在印制时要将印模在热蜡中预热一下，确保印模均匀受热，将之前凝固在印模上的蜡融化。

（4）在印制时还要防止印模沾蜡过多，影响印制的清晰度。可以在蜡锅内平放一块较厚的面料吸蜡液，同时防止印模沾蜡过多导致图形模糊（图3-4-22、图3-4-23）。

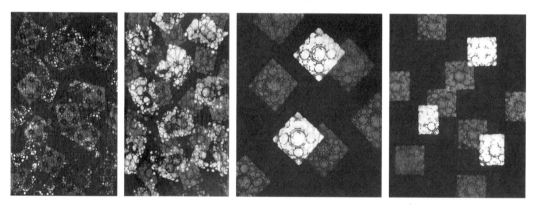

图3-4-22 不同蜡温多次染色效果及折叠后多次染色效果（图片来源：自摄）

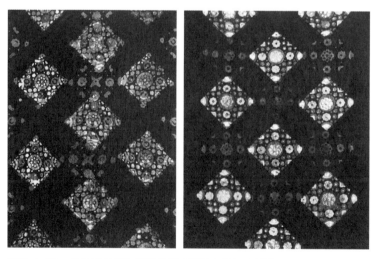

图3-4-23 叠加黄色多次印蜡效果（图片来源：自摄）

手工凸版蜡染还可以利用身边的很多材料来尝试，如土豆、萝卜、莲藕等都易于雕刻，具有防水、耐热、较为牢固的特质，可以做一些简单的手工雕刻纹样进行印蜡（图3-4-24、图3-4-25）。

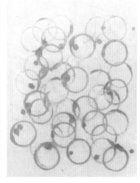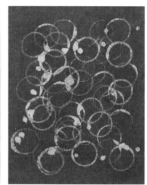

图3-4-24　果蔬凸版印花效果（图片来源：自摄）

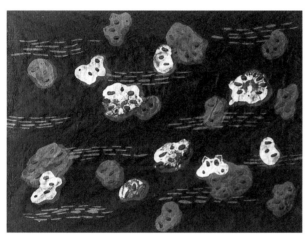

图3-4-25　金属文具印蜡印花效果（图片来源：自摄）

（二）凹版印蜡——镂空版蜡染

凹版印蜡是传统蜡染的一种方法，在历史中的镂空版选用的是木质。复刻这种工艺时，一般选用防水、耐热、韧性好、易清洗的PP板作为镂空版的材料。为了方便刻板，可将电脑纹样导入激光雕刻机进行雕刻，将镂空版放置在面料上，将融化后温度在120~140℃的蜡液用排刷透过镂空版刷在面料上（图3-4-26）。完成后，轻轻掀起镂空版，达到快速施蜡防染的目的。

镂空版蜡染有以下几个关键因素。

（1）镂空版的厚度很重要，厚度1毫米和2毫米的薄板，经试验可以得知1毫米的厚度较为方便刷蜡，使蜡液透过，2毫米或者更厚的在刷蜡时会导致蜡液无法很好地渗透。

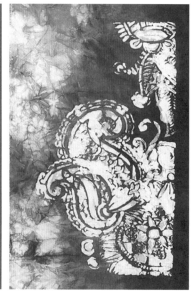

图3-4-26　激光雕刻设计图及镂空版刷蜡染制的过程（图片来源：自摄）

（2）蜡液的温度很重要，蜡液温度低于120℃时，蜡无法很好地渗透，图案不完整；蜡液温度高于180℃时，蜡液透过镂空版在面料上会有渗开的效果，造成图案模糊、混淆。

（3）图形的选择，图像太小、太细密会造成刷蜡后染液融在一起，图形不清晰。

五、晕蜡的工艺

晕蜡是指画蜡后用电吹风在边缘处用热风吹拂，使蜡部分晕开，达到晕染的效果，染色后画蜡部分为白色，晕蜡部分为浅蓝色（图3-4-27）。其原理是利用蜡的热熔性，画蜡后在局部加热，使其晕开达到朦胧的效果。也可以利用蜡的热融性，用夹板先刷蜡，将面料覆盖其上，再用熨斗熨烫面料将热蜡拓印转印在面料上，染色、退蜡后形成朦胧的效果，如图3-4-28所示。也可以尝试将绳子沾蜡后盘放、用布料覆盖熨烫，拓印后染色而成，如图3-4-29所示。

图3-4-27　晕蜡月亮（图片来源：自摄）

图3-4-28　蜡拓印及染色后效果（图片来源：自摄）　图3-4-29　盘绳沾蜡及染色后效果（图片来源：自摄）

六、混合工艺、叠加技法的蜡染

（一）扎染＋蜡染

　　扎染和蜡染叠加时通常先画蜡，再扎染，利用扎染技艺呈现的各种视觉效果和蜡染的画蜡、印蜡、喷蜡交织，形成更丰富的视觉效果。按照构图和画面白蓝之间的层次关系，先画蜡、印蜡，再用针缝扎染缝扎相应的部位，完成第一次染色；再次叠加画蜡印蜡和扎染，染色后完成整个过程。个别扎染再抽线缩紧时会影响蜡染的完整性，导致蜡裂，所以在构图时要注意这些细节。此外还可以先扎染再涂蜡、先画蜡再叠加卷筒染等，尝试不同技艺交织的各种可能性（图3-4-30）。

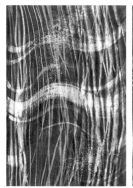

图3-4-30　扎染＋印蜡＋喷蜡＋画蜡等技法叠加的效果（图片来源：自摄）

（二）折叠＋蜡染

　　折叠蜡染还可以在面料各种折叠后，通过印蜡或沾蜡等方式形成纹样。折叠、皱褶蜡染后要趁蜡没有完全凝固时尽快拉开面料，否则蜡液凝固后较难拉平面料染色。折叠后刷蜡，可以控制蜡液的位置和厚薄（图3-4-31、图3-4-32）。

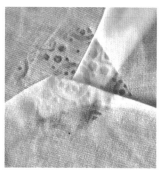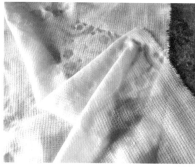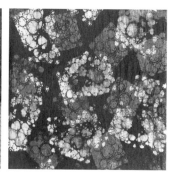

图3-4-31 折叠+印蜡效果（图片来源：自摄）

图3-4-32 折纸原理叠加蜡染（图片来源：Behance网）

除了以上两种方法，还可以尝试各种工艺的结合，如蜡染+丝网、蜡染+刺绣、蜡染+胶印等，使蜡染形成独特的肌理和视觉效果。

（三）绘染+蜡染

蜡染由于"绘"的特性，具备了叙事性和情景表达的能力，所以蜡染可以尝试更多的表达手法，借鉴更多形式来丰富蜡染的艺术语言。

1. 借鉴版画

蜡染和版画有相通之处，二者同样的单色，利用线条及明暗处理，形成图形的层次，达到丰富的效果。因此可以学习和借鉴版画的表现手法，丰富蜡染的视觉语言（图3-4-33）。

2. 借鉴油画

油画表现力丰富，厚重的肌理、浓郁的色调以及清晰可见的笔触和层次表达也会在蜡染中给我们很多启示和借鉴（图3-4-34）。

图3-4-33　版画风格蜡染（图片来源：自摄）

图3-4-34　油画风格蜡染（图片来源：自摄）

3. 借鉴国画、书法

书法的运笔、行笔、逆锋、藏锋，国画中线的粗、细、曲、直、刚、柔、轻、重等变化，都可以用画蜡的方式来表达。传统国画仅以水墨就能表达丰富的层次、悠远的意境，这一点是蓝白蜡染可以学习借鉴之处。此外国画中树木的画法、山水的笔法、远近的处理、虚实的布局都可以给蜡染绘制以启迪。书法的不同书体如篆书、隶书、楷书、行书、草书，或运笔迟缓凝重，或行云流水，具有较强的审美趣味。多多练习书法国画，会提升对中国传统文化艺术的解读，丰富蜡染的表达手法（图3-4-35、图3-4-36）。

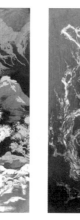

图3-4-35　国画风格蜡染作品（图片来源：自摄）　　图3-4-36　绘染+蜡染图片（图片来源：自摄）

4. 装饰画

装饰画的线条、装饰感、图形的块面构成，也可以借鉴在蜡染中（图3-4-37）。

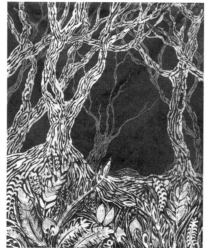

图3-4-37　装饰画风格蜡染作品（图片来源：自摄）

1. 蜡染如何与时装设计、家纺设计、文创设计等不同专业结合？

2. 如何发挥蜡染"绘染"的特性？

第四章

夹缬染

夹缬染，是当下为数不多的以木板夹布防染的染色技艺。从唐朝的多彩夹缬到现今的蓝白夹缬，一千多年的历史演变，至今仍保留了刻板夹布的染色方法。夹缬染在传统染缬中具有夹染工具结实耐用、方便重复染制、适合小规模批量染色的特性，它能为更多的人提供实用、具有美好寓意和吉祥纹样的染缬纺织品，这也许就是它历久弥新、至今在浙南地区染坊被沿用的原因吧。

夹缬染中最吸引人、最彰显智慧的应该是夹缬板，不仅纹样设计精巧、装饰感强、布局疏密有致，为了达到多层夹板夹布、却有保证染液上下贯通、左右横穿的效果，在夹缬板上设置"明沟暗渠"的结构，一方面确保纹样图形的完整性，另一方面确保"水路"贯通，达到良好的染色效果。

从有固定纹样范式的传统夹缬染到简约形态的现代夹板染，提供给我们更多的选择和思路，现代雕刻技术、丰富的夹板材料、夹染技术都会给我们更大的创新空间和可能性。

第一节
夹缬染的概念与发展历程

一、夹缬染的概念

夹缬染是用对称的刻花木制雕版通过夹紧面料形成防染的技艺。《词源》中关于夹缬染的注解为："唐代印花染色的方法，用两木板雕刻同样花纹，以绢布对折，夹此两板，然后在雕空处染色，成为对称花纹，其印花所成的锦、绢等丝织物叫夹缬染。"而"缬"一方面指印染花纹的纺织品，另一方面指防染印花的技艺，是古代防染印花织物的统称。夹缬染是中国古代印染史上独特的防染印花工艺，"夹"是区别于其他染缬的主要特点。夹缬染首先把所染面料对折，按照一定的间隔夹在对称的雕花木板中，再用木架或铁架把花板套住夹紧固定，达到以夹防染的目的。在染色时用浇注或浸染的方式，使染液按照花板的沟渠和孔槽流动，而被花板夹紧的部分达到防染留白的效果，染完沥干染液后拆掉夹板，所夹花纹就显现出来。

赵丰在《中国丝绸艺术史》一书中，将丝绸染缬分为手工染缬和型板染缬。其中手工染缬包含绞缬、蜡缬、手绘[1]；型板染缬分为凸版印花和镂空版染缬，夹缬染属于镂空版染缬中的一次性防染，而灰缬和型板蜡缬属于二次防染。与蜡染、扎染不同的是，夹缬染借助木板具有的压力防染，在固定的雕刻纹样的夹压下可以轻松、批量重复图形

图4-1-1 新疆吐鲁番阿斯塔那墓出土的宝相花夹缬染褶绢裙（图片来源：中国考古网）

（图4-1-1）。扎染具有随机性，蜡染的绘制具有多样性，而夹缬染可以一次性染制10米以上的面料，还可以一次制板多次使用，这些优势是扎染、蜡染无法比拟的，这种便于批量复制的特性促进了夹缬染技术被更多地使用。

和夹缬染相关的英文有三个词汇：其一为"Clamp Resist Dyeing"，或"Carved Board Clamp Resist Dyeing"。"Carved Board"为"雕刻木板"之意，"Clamp"意为"夹紧、夹住"，"Resist Dyeing"意为"抗染、防染"。"Clamp Resist Dyeing"翻译为

---

[1] 赵丰. 中国丝绸艺术史 [M]. 北京：文物出版社，2005.

"夹缬染","Carved Board Clamp Resist Dyeing"翻译为"雕版夹缬染"。其二为"Itajime Shibori",专指木版夹缬染或木版扎染,"Chinese Blue and White Itajime"是在一些文献中描述"中国蓝夹缬染"时的用词。其三为"Jiaxie",中国纺织品专家学者的论文著作直接将夹缬染译"Jiaxie"。

二、夹缬染的分类

历史上的夹缬染,从夹缬板的角度可以分为两类:镂空版夹缬染和凹版夹缬染。

(一)镂空版夹缬染

镂空版夹缬染是唐朝多色夹缬染的制作方式,属于分区一次性染色。赵丰在《夹缬》一文中对这种染缬工艺有描述:用一块凹版和一块镂空版(或是镂孔的凹版)夹持织物,凹版在下,镂空版在上,染液由镂空处分区注入,多时后染成,即达此色区分明之效果。"❶

图4-1-2是《夹缬》一书中镂空夹缬染的方法。❷用几块相同纹样的镂空版夹缬染,将正式面料折叠后放置在夹板中。这种镂空版同时具有两种功能,一方面利用压力夹布防染形成白色的边框,同时确保色彩的分区隔离;另一方面在夹布的同时利用上下镂空部位分别浇注染液染色,这样可以形成一次染色却呈现多色、更加均匀的夹缬染色效果(图4-1-2)。

镂空版夹缬染适合轻薄的真丝面料,便于染液渗透,同时这种因折叠的结构关系可染制出四方连续的纹样。镂空版在唐朝被运用,后来随着彩色夹缬染的消失,镂空版也被遗忘。

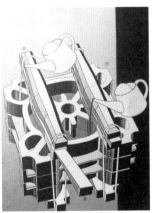

图4-1-2 镂空版染色方法复原与敦煌出土的镂空版夹缬染的面料

❶ 赵丰. 夹缬[J] 丝绸, 1991(21): 98-100.
❷ 汉声编辑室. 夹撷[M]. 北京:北京大学出版社, 2006.

（二）凹版夹缬染

将木板雕刻出凹形纹样，利用木板夹紧的压力，使染液不能渗透而达到防染目的。现存浙南地区的夹缬染板就属凹版夹缬染。夹板为双面雕刻，利用凹陷的部位使染液留存，并利用独特的明沟暗渠使染液一路贯通，保留了各式纹样和主题图形，也确保染色时染液的四通八达。如图4-1-3所示，凹版夹缬染正是因为水路通畅，所以只适合单色夹缬染。

图4-1-3　浙南凹版夹缬染的水路细节
（图片来源：自摄）

在防染印花中通常有三种方法：一是受外力作用阻染的手工防染和使用绳、线等防染的"扎染"；二是使用防染剂防染的"蜡染"和"型染"；三是借用型板防染的方法，如木板夹缬染和纸质型染。夹缬染的"夹"是一种防染印花的方式，型染则是"型板＋防染糊"的方式叠加防染。不同的是，夹缬染、绞缬是以防染的方法命名的，而蜡缬和灰缬是以防染材料命名的。

从扎染到蜡染、夹缬染、型染的历史发展过程中，我们会发现最初出现的扎染借用工具有限，不外乎针绳线，却由最简陋的工具和最简单的构成原理形成丰富的变化；蜡染可手绘、可夹板刷蜡、木戳印蜡，呈现多样的表现力；而夹缬染和型染借助夹板、型板等工具，其防染技艺的艺术表达受到一定制约，但工具的使用弥补了人工染缬的技术局限，整体提升了印染水平，也提高了印染的效率。

三、夹缬染的发展历程

关于夹缬染，按照《二仪实录》的记载："秦汉间有之，不知为何人造。"因此有的学者认为夹缬染始于秦汉时期、南北朝时期已普及，也有说源于隋，盛于唐。在《唐语林》中就有关于夹缬染的记载，相传唐玄宗的妃子赵婕好之妹天性聪慧灵巧，最早使用夹缬染工艺，"因使二镂板为杂花象之，而为夹结。因婕好生日，献王皇后一匹，上见而赏之。因敕宫中依样制之。当时甚密，后渐出，遍于天下。""夹结"即夹缬，从文献描述中可以得知唐朝开始使用夹缬染。

我们可以推测夹缬染的兴起和中国古代的篆刻印章及雕版印刷术有一定关联（图4-1-4）。据史料记载，雕版印刷发明于唐朝并逐渐被使用，其与夹缬染相似之处在于二者都是在厚实平滑的木板上雕刻，不同的是雕版印刷将文字稿纸正面和模板黏合，雕刻的字呈反体，印刷时涂墨覆纸，正体字迹就被拓印在纸上。雕版印刷不仅是我国古代文明的代表，也使中华文化得以大量保留，开创世界印刷术的先河。雕版印刷术的技术对夹缬染有很大的启发和影响，精湛的木雕技艺、对图形和细节的把控使夹缬染的出现成为可能。

除此之外，从中国纺织品防染技艺的发展轨迹推断，唐朝在染织方面除了绞缬外，大量兴起的蜡缬和夹板蜡缬使人们对夹板有了初步认识。夹板蜡染是用镂空的夹板透蜡达到防染的目的，如不使用蜡而只使用夹板，也会利用夹板的压力形成防染的效果。加之蜂蜡在古代获得极为艰辛，人们从用蜡做防染剂到直接用夹板防染，促使了夹缬染技艺的出现。但唐朝出土的大量彩色夹缬染文物也证实了夹缬染应该出现在更早的年代。在历经时代演变和不断地丰富之后，唐朝的夹缬染才能呈现出丰盛的视觉效果和高超的多色夹缬染的技艺（图4-1-5、图4-1-6）。

图4-1-4　雕版印刷术板（图片来源：百度图片）

图4-1-5　敦煌莫高窟第17窟夹缬染（图片来源：大英博物馆官网）

图4-1-6　唐代夹缬染（图片来源：正仓院博物馆官网）

与我们现有的浙南蓝夹缬染不同，唐朝的夹缬染有浸染、注染两种方式。浸染是将夹缬染板夹好面料后，浸入染液染色的方法；注染是利用夹板雕刻纹饰的间隔，在局部注入染液染色的方法，利用多套色花板染色和花板的间隔处理，注染可以呈现多色的效果。根据现有的实物资料和文献资料，可以看到唐朝的夹缬染纹样多以花草、动物为主。花草纹样通过折叠面料后多夹缬染成四方连续纹样；羊纹、马纹、鹿纹等动物纹样多以对称的纹样为主，这些较复杂的夹缬染纹样出现在唐朝中晚期以后。

现存的夹缬染实物主要是敦煌莫高窟藏经洞和丝绸之路沿途的一些唐代丝织品文物，主要收藏在英国的维多利亚与艾尔伯特博物馆、大英博物馆，日本正仓院，印度新德里博物馆，法国巴黎吉美博物馆等。日本正仓院收藏了保存完整的唐代夹缬染屏风及其他纺织品，从中可以看到唐朝彩色夹缬染纹样饱满华丽，夹板的图形精巧复杂，套色工艺使夹缬染色彩纷呈，充分展现了唐代染织技艺的高超水平（图4-1-7、图4-1-8）。

在这些藏品中，画面的中央留有一条很明显的纵向折痕，这也是夹缬染特有的痕迹。日本京都正仓院收藏的夹缬染服饰、纺织品和屏风最具有代表性。其中最著名的麟鹿草木夹缬染屏风、花树双鸟纹夹缬染绝褥等都是唐代彩色夹缬染的传世佳作（图4-1-9）。

到了宋代，夹缬染的使用受到一定的限制，北宋时期因彩色夹缬染被定为宫廷专用，有的地区严禁民间使用夹缬染和制作花板，甚至只有官方和军需可以使用，这使宋朝夹缬染式样单一。唐朝夹缬染的气势和高超技艺一去不复返。此后民间多使用单色蓝夹缬染。宋代有影响力的是山西应县佛官寺发现的同时期辽代南无释迦牟尼佛夹缬染实物作品，这件作品为三色套色的夹缬染加彩绘作品（图4-1-10）。

元代之后由于棉花的大量种植，使棉布的使用更加广泛。在蓝染的基础上，民间保留了单色蓝染夹缬和蓝印花布。浙南夹缬染是目前保留完整的夹缬染技艺，也称"蓝夹缬"。

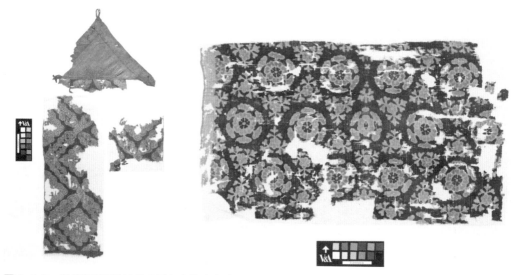

图4-1-7　敦煌藏经洞出土的7世纪唐代夹缬（图片来源：维多利亚与艾尔伯特博物馆官网）

图4-1-8　山水夹缬染屏风细节（图片来源：日本正仓院官网）

（a）麟鹿草木夹缬染屏风　　（b）花树双鸟纹夹缬染绝褡

图4-1-9　日本正仓院夹缬染藏品（图片来源：日本正仓院官网）

图4-1-10　辽代南无释迦牟尼佛夹缬染实物作品

　　明清时期，夹缬染同样由官方部门管制，民间不得使用和生产夹缬染。但在定陵博物馆和故宫博物院可以看到夹缬染花绢和五彩夹缬染单袄，证明了彩色夹缬染仍有留存。此外民间保留的五彩夹缬染尚有藏族唐卡的搭帘及经书的外包装等。

四、夹缬染的传播

　　夹缬染的传播向东传入日本，向西南传入尼泊尔和印度。在唐朝时流传到日本，19世纪被称为"板缔"或"板缔染"，较有影响力的是京红板缔染和蓝板缔染。京红板缔染是用红花、茜草等染色，蓝板缔染是用日本蓝染染色。

　　在郑巨欣《日本夹缬染的源流、保存及研究考略》一文中，针对日本板缔染的渊源有详尽的叙述，"板缔"的意思就是"夹板"或"夹染"。日文比较完整的写法是"板缔之染"，中文译为"夹板染"。日本夹板染始于室町时代（1390～1573年），发展于江户时代（1603～1867年）的京都，18世纪达到鼎盛之后逐渐衰退，到20世纪初逐渐消失。在日本的纺织品专家和研究者看来，虽然夹缬染和夹板染工艺原理相同，但不能看作同名工艺。所谓"夹缬染"专指8世纪古代夹缬染。与中国统称为夹缬染的情况有所不同，日本方面会区别看待"夹缬染"与"板缔染"，其中"板缔绞"也称"夹板绞"，是指不经雕花，仅利用几何形型板夹紧织物防染的工艺。❶

　　京红板缔染主要流行于京都，是用红色染料如茜草、红花等染材夹染妇女贴身的真丝衣物。而蓝板缔染主要在岛根县出云市，是以蓝染为主的夹板染，其产品包括浴衣、劳动装等棉麻质地

❶ 郑巨欣.日本夹缬染的源流、保存及研究考略[J].新美术，2015（4）：44-49.

的服饰。京红板缔染的夹板通常是双面10片、单面20片；采用纵向、横向水路，用注染的手法染色。蓝板缔的夹板通常是双面20片、单面40片；多采用纵向水路，以浸染的手法染色。❶

　　日本板缔染和中国的夹缬染原理一致，日本板缔染的花板同为对称的木板，多片组合，凹版双面雕刻，夹布染色（图4-1-11）。不同的是花板厚度，中国浙南蓝夹缬花板厚度为3厘米左右，长度约44厘米、宽度约18～20厘米。日本的板缔染花板厚度仅为0.6～0.8厘米，长度为23～47厘米，宽度为22厘米，木料选用坚硬的材质，并在上面刷漆防止木头渗色变形。此外在板缔花板凹刻的纹样中可以看到许多透孔的部分，方便染液上下渗透；而中国的夹缬染木板较厚，除了上下染液贯通外，很多横向的孔洞也方便染液横向流入和流出（图4-1-12）。

图4-1-11　日本蓝板缔染的花板（图片来源：张琴《各美与共生——中日夹缬染比较研究》）

图4-1-12　温州夹缬染夹板细节（图片来源：自摄）

❶ 张琴. 各美与共生——中日夹缬染比较研究 [M].北京：中华书局，2016.

在日本蓝板缔染的图片中可以看到，雕版也是两两相对，正反面纹样不同，和中国夹板相比较，有以下几个方面的差异。

（1）蓝板缔染板的上下有更多孔洞，这样染液上下流通，渗透更加便利（介于镂空版和凹版之间）。而蓝板缔染板相对较薄的原因在于夹染的时候，同样层层夹紧不影响夹缬染的效果，只是在存放和使用中会容易磨损，需要更加仔细。

（2）蓝板缔染板厚度不同。在夹缬染的水路中没有浙南夹缬染板的侧方水路，在"明沟暗渠"方面也有不同的处置方式。

五、夹缬染的现状

现存的夹缬染主要分为两类：博物馆收藏的年代久远的夹缬染文物和目前还在使用的夹缬染。在维多利亚与艾尔伯特博物馆、大英博物馆、大都会博物馆、正仓院博物馆的官网上都有展示夹缬染的历史藏品，观者有机会一睹千年前夹缬染的高超技艺。

现在还使用的夹缬染主要有浙南蓝夹缬染、日本板缔染和现代夹板染。

（一）浙南蓝夹缬染

浙南蓝夹缬染属于单色夹缬染，明清到民国期间蓝夹缬在民间较为普及，留存了很多蓝夹缬被单等物品。蓝夹缬在纹样花型的主题上较丰富，包含花卉、动物、戏剧情节、吉祥纹样等，其构图形式和花板式样较为固定，有较强的装饰感和边框模式（图4-1-13）。蓝夹缬虽然因在20世纪受到现代印染的冲击在逐渐减少，但20世纪六七十年代浙南地区还保留了一些具有时代特征的蓝夹缬。20世纪90年代以后，蓝夹缬染再次被发现和重视，在浙南瑞安、苍南，江苏南通都有夹缬染的博物馆和工坊。2011年5月，国家将其列为第三批国家级非物质文化遗产，全称是"蓝夹缬染技艺"。本章后续的内容以浙南蓝夹缬染为主。

图4-1-13　浙南蓝夹缬染（图片来源：浙江乐清陈献武夹缬工坊）

（二）日本板缔染

日本板缔染在江户时代较有影响力，目前在日本主要保存在博物馆和一些学术机构，板缔染板保存较完整的主要是日本国立历史民俗博物馆收藏的京红夹板及藏品和岛根县古代出云历史博物馆收藏的出云蓝夹板。❶

如图4-1-14、图4-1-15所示为日本板缔染的作品图。

图4-1-14　红板缔染花板图与京红夹缬染效果（图片来源：张琴《各美与共生——中日夹缬染比较研究》）

图4-1-15　蓝板缔染花板与夹缬染效果（图片来源：张琴《各美与共生——中日夹缬染比较研究》）

---

❶ 郑巨欣. 日本夹缬染的源流、保存及研究考略[J]. 新美术，2015（4）：44-49.

（三）现代夹板染

现代夹板染是指用几何形木板夹染的方法。夹板染借用夹缬染的原理，但方法更加简单、纹样更加现代（图4-1-16）。夹板染和传统夹缬染有一定的区分，虽然同属用木板覆盖防染，但夹缬染通常指刻有花纹的凹版，夹缬浸染后得到防染印花纹样；而夹板染是用平整的木块覆盖紧固后，或浸染，或局部染色而形成防染几何纹样。

图4-1-16　现代夹板染（图片来源：gallicreative网）

第二节
夹缬染的工具

一、夹缬染的花板

夹缬染的工艺涵盖三个工序：木板刻板、种植打靛、夹缬染色，这三部分由不同的工坊分别完成。首先由木刻师傅完成夹缬染花板的雕刻，再由专业的打靛师傅完成种植、收割蓝草和打靛的工作，最后在夹缬染坊完成夹布染色环节。在夹缬染中最重要的首先是花板的雕刻，它决定了夹缬染的纹样，是夹缬染之根本。

（一）夹缬染花板的概念

夹缬染花板也称夹板、雕版（图4-2-1）。花板木质要密实，确保纹样雕刻精致，花板的厚度确保花板平整耐用、不易变形并属于双面雕刻的凹版。夹缬染板共17块，中间15块尺寸相等，长度40～50厘米、宽度17～20厘米，厚度约3厘米，首尾两块为了承受夹缬框架的压力，选用厚度为5.5厘米的单面雕花板，中间15块双面雕花，两两相对，染色后形成

16幅对称的完整图形。

（二）夹板的纹样

浙南夹缬染板纹样多为两块长方形木板组成的对称式样，其构图形式由外边框、内部框架线、主题图形和周边装饰图像组成（图4-2-2）。外部边框通常是长方形，是夹板的外部轮廓线，由两块木板构成，有单层和双层之分。内部框架线形式多样，分为正方形、椭圆形、花瓣形、心形以及多边吉祥边饰作为衬托。主题图形通常在夹板的中心位置，以花草、动物、人物为主。周边辅助图形装饰以花草为主，主要是填补夹板的空隙，使构图均衡饱满、水路流畅贯通。

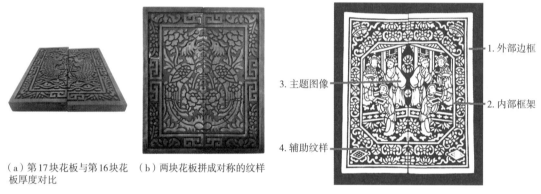

（a）第17块花板与第16块花 （b）两块花板拼成对称的纹样
板厚度对比

图4-2-1　夹缬染花板（图片来源：自摄）

3. 主题图像
1. 外部边框
2. 内部框架
4. 辅助纹样

图4-2-2　夹板的图形花纹（图片来源：自摄）

夹板的主题纹样分为以下几类。

1. 动植物图案

夹缬染工艺传统图案首先分为花鸟、动物纹样，在蝴蝶和喜鹊、天鹅、鹤、凤凰、鲤鱼等动物图案中佐以牡丹、菊花、莲花、水仙、梅花、竹等花卉植物构成吉祥美好的寓意的纹样，如祥瑞动物和植物花草组合成"松鹤延年""年年有余"等图形（图4-2-3）。

图4-2-3　蓝夹缬染动物花草纹样（图片来源：浙江乐清陈献武夹缬工坊）

2. 人物图案

夹板中的人物图案通常分为神话传说人物、历史人物、戏剧人物等几类。浙南地区的传统文化中，夹缬染是女孩子出嫁的陪嫁用品，所以夹缬染多以"百子被""龙凤被""状元被"为主，寄托父母对孩子的美好祝福，表达子孙满堂、幸福吉祥的含义。夹缬染图案取材于生活，传达出深刻寓意的同时也能看出一个时代社会的生活方式和文化内涵（图4-2-4）。

图4-2-4　蓝夹缬染纹样及戏剧人物纹样（图片来源：浙江乐清陈献武夹缬工作坊）

浙南蓝夹缬染板用简洁概括的阴阳线条雕刻出生动的花草和人物造型，图案多数为中轴对称，符合夹缬染的工艺特征。在夹缬染图形中保持着强烈的装饰感和秩序感，咫尺之间图形看似相同却又各有特色。最具魅力的是线条之间既能保持疏密均衡，又能满足夹缬染色时染液贯通、均匀染色的功能要求。浙南夹缬染风格上不同于唐朝的富丽堂皇和细腻秀美，具有民间工艺的质朴无华和勃发的生命力。

（三）夹板的制作

夹板为了坚实耐用，通常选用质地紧密、纹理均匀的木材，如枫树、杨梅树、榆木、梨树。这些木材纹理细致，可雕刻细腻、密集、复杂的线条。夹板从砍伐到制作完成花费时间较长，通常需要经过浸泡、修整、抛光、打磨、粉本、雕刻等环节。

1. 浸泡

先将木材放入水中浸泡一周，使其属性稳定，不易变形。

2. 修整、抛光、打磨

将木料按照夹板的尺寸切割分块、修整，做基础的打磨备用。花板有一定的厚度，要确保其平整和不变形。

3. 留粉本

粉本是指夹板的"纸质样本"，每次在雕刻完夹板时会用墨涂在花板上，趁湿将宣纸贴合上去，轻轻拍打拓样，揭下来贴在另一块木板上，照样刻对称的另一块木板，如图4-2-5所示，同时也会用这种办法拓样留板。

4. 雕刻

雕刻前首先将17块木板的序号依次刻上，将粉本贴于木板，确定花板两两相对、图形准确。然后用专用刀具沿着粉本图案的边框线条起刀雕刻，雕版工具种类繁多，有直刀、弯刀、平锉、圆锉等专用雕刻刀十多种，特殊钻眼工具还需要自己制作（图4-2-6）。针对不同部位要选用不同规格形状的专用刀具，由外至内、由大至小雕刻。雕刻花板时，下刀要稳、准，深浅均匀，在细节位置用刀要精确，否则会造成不可弥补的失误。

图4-2-5　夹缬染花板与留样粉本（图片来源：自摄）　　图4-2-6　浙南温州黄其良老师的刻刀（图片来源：自摄）

雕刻完成后，刷掉碎屑、检查修整。完成表面纹样后，再根据纹样的线条布局用钻子打孔洞，完成夹板的明沟暗渠。这些细小的孔洞通常用特制工具制作，明沟暗渠是夹板染色成功的关键，需要多年的经验来设置贯通夹板的"水路"，特别是针对一些细节的部位和封闭区域，更是需要设计孔洞来使染液流动。

全部完成后，再次将白纸贴在已完工的花板上用墨色拓印粉本，一方面贴在对称的另一张板上继续雕刻，另一方面可留底作下次雕刻的样本。

制作好的夹缬板需要放在水中浸泡，以防止干裂变形，同时也可以增加夹板的防水性，在染色时起到更好的防染效果。

（四）夹板的明沟暗渠

夹缬染雕版最有趣的是木板层层叠加夹布，却能使染液贯穿染色。纹样的疏密布局和凹刻部分的相互连贯起到了一定的作用，同时花板的明沟暗渠也兼具重任，使染液通过雕版侧面雕刻的孔洞及凹槽与凹槽之间的槽底凿暗孔相互沟通，方便染色。

1. 明沟

明沟兼具图案纹样的构成，是纹样中"空"的部分，花板通过凹刻彰显出纹样，同时贯通的凹刻使染液畅通无阻达到染色的目的。明沟的深度约0.5～0.6厘米，通过平齐的凹陷凸显出夹板的纹样（图4-2-7）。明沟的宽度根据纹样的需求设置，当然明沟越宽染液越容易渗透，这需要平衡纹样的视觉审美和明沟贯通之间的矛盾。过于狭小的位置就需要暗渠的助力。

2. 暗渠

暗渠是在花板的侧面、底面，为了染液贯通打的各种较隐蔽的孔洞。花板的暗渠孔洞基本分为三类。

（1）暗渠一：侧面的四个孔，直径约1厘米，垂直于侧边向内打3.5～4厘米，使染液横向贯通流入夹板内，由于夹缬板都设置有边框，侧面的孔在染色时染液轻松流至边框内，由于染色时夹板侧面入缸染色，染完后侧面的孔又使多余的染液顺畅流出，达到均匀氧化的目的（图4-2-8）。

（2）暗渠二：对应侧面的4个孔在夹板正面边框内，应打4个透空的孔，和侧面的4个孔垂直贯穿，使染液上下、左右贯通（图4-2-9）。特别是有边框设计的夹板，借

图4-2-7　花板的明沟（图片来源：自摄）

图4-2-8　暗渠一——侧面的四个孔（图片来源：自摄）

图4-2-9　暗渠二——边框侧面对应的四个孔（图片来源：自摄）

助以上两种暗渠既保留了边框设计的完整性，又使染液流入边框内和上下流动。

（3）暗渠三：在夹板纹样的转折处、封闭纹样处都设有大小各一的两个洞，大洞为0.5~0.6厘米，小洞约为0.2厘米（图4-2-10）。由于花板双面图形不一致，这类孔洞不会上下透空，只是浅凿。大洞深度约为0.5厘米，垂直向下，通常在纹样的外围空间；为了不影响纹样的布局，小洞很隐蔽、通常在纹样的内侧，横向打，穿过花板，使染液贯穿。如图4-2-10（a）所示，用红色标注的就是这种大小组合的暗渠。这种暗渠非常隐蔽，在一些转角处和局部封闭空间使用一大一小的孔洞，使转角处染液流动顺畅；封闭处还需要两大两小的暗渠使染液流入封闭空间。封闭空间通常内侧两个小洞配合外侧两个大洞贯穿封闭纹样，使染液能均匀渗透。如图4-2-10（b）所示，在一些细小的部位，如动物的眼睛处，采用两大一小的方式使染液渗透至细微的部位。这些细微的暗渠在夹板中起到重要的作用，使夹板的细节和图形得到完整的呈现，同时也确保了"水路"的贯通。

夹缬染的图形线条布局和明沟暗渠是雕版设计的重点，尤其明沟暗渠是夹缬染中非常有趣又彰显智慧的部分。通过这些明沟暗渠的设置，使染液在厚厚的木板中横向穿行，借助阴刻线条流畅贯穿，不仅达到染色的目的，而且形成独具风格的夹缬染纹样。

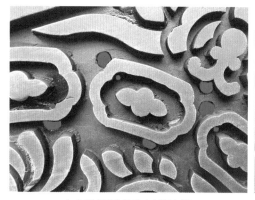

（a）两大两小针对大封闭空间　　　　　　　（b）两大一小针对小封闭空间

图4-2-10　暗渠三设计图示（图片来源：自摄）

二、夹缬染的框架

框架有木架和金属架两种（图4-2-11），目的是将夹缬板和面料固定拧紧后浸入染缸染色。框架通常根据夹板的尺度制作，传统木制框架会在固定好花板后在一端打入楔木，加大其压迫力和紧度。金属框同样原理，用螺丝拧紧等办法加大木板间的压力。框架虽然是辅助工具，但如果不能拧紧固定，染液会渗透、晕染，造成图像模糊，成为次品。

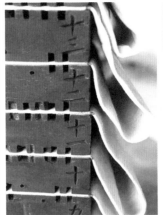

图4-2-11　夹缬染固定的框架

第三节
夹缬染的基本方法及原理

一、夹缬染的基本方法

夹缬染是凹版雕花木板两两相对，层层木板通过外部压紧面料达到防染的目的。"夹"意为通过雕版的夹，用木板覆盖面料，夹紧后达到染液阻隔和防染目的。"染"意为通过雕版的明沟暗渠，有效控制"染与不染"，其中夹板凸版部分的防和凹版部分的染，形成效果明显的图形。

夹缬染的"夹"不仅用来规定花纹位置和造型，其本身具有防染显花的目的。夹缬染以固定的板块图形呈现阻隔、防染的纹样，在染缬过程中没有太多需要变化和拓展的部分，只需严谨地排列花板、细致的夹布装板，便可重复、复制和批量生产。相比较而言，扎染、蜡染都需要操作者有一定的技艺和审美意识，而夹缬染、灰缬更多是程序化的重复操作，这一特性使夹缬染的染色效果工整规范，效率较高，同时也更易普及。

二、夹缬染的防染原理

浙南蓝夹缬的染色工艺属于多板单色浸染技艺，工艺和防染原理较为简单。由于传统手织布门幅的限制，四幅相拼才可以达到被面的门幅，因此就需要用17块花板一次印制出16个不同的图案（图4-3-1）。其中17块雕版中首末两块为单面花板，中间15块为双面花板，且夹紧织物的相邻两块花板雕刻的图案相同，可印制出16个纹样不同但左右对称的图案。❶

夹缬染的防染原理在于雕花木板的设计和组合应用上同时具备"防"和"染"的功能。两块具有对称花纹的雕版为一副，中间夹有白色坯布并紧。染色时两块雕版凸纹紧压在一起，染液无法进入，从而坯布形成白色花纹，而凹纹处则由于染液贯通渗透形成染色区域。

夹缬染的染色原理可以简单地分为"夹"和"染"。"夹"即凸纹，夹紧防染，形成白色；"染"即凹纹，染液贯通染色，形成蓝色（图4-3-2）。

图4-3-1 蓝夹缬17块花板（浙江蓝夹缬黄其良老师雕刻）（图片来源：自摄）

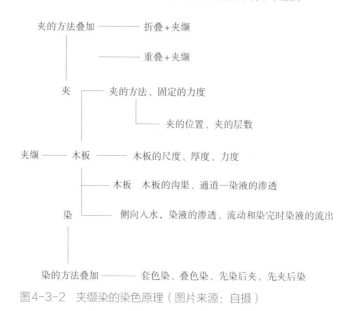

图4-3-2 夹缬染的染色原理（图片来源：自摄）

---

❶ 吴元新，吴灵姝.传统夹缬的工艺特征[J].南京艺术学院学报（美术与设计版），2011（4）：107-110.

（一）"夹"

在夹紧防染的过程中，夹的方法、固定的力度决定夹缬染的成败。夹的方法包括夹板的位置、所夹面料的层数、面料的质地等相关问题。夹缬染由于使用对称的夹板，所以面料通常要先纵向折叠，然后沿着夹板的纵向向内对齐放置，这个步骤需要夹缬染面料中间对折后位置精确，如面料露在夹板之外，会染上一条清晰的线条成为败笔。如面料在夹板之内，又会造成图形在中轴线部分的不完整。夹缬染面料的层数、面料质地和面料厚度、密实程度及染色时长相关，这取决于面料的渗透能力，控制好面料的层数和染色时间才能得到较好的染色效果。如薄质地的真丝易染色，染色时间相对短一点，手织棉麻厚实紧密，染色时间长。

（二）"染"

夹板的凹纹使染色成为可能。"染"，基于凹纹的设置、流通，有利于染色的渗透流动。夹缬染木板的凹凸阴阳，使夹缬染的图形线条在精妙的布局中彰显纹样的主题、故事、人物、植物的布局，同时兼顾染液贯通的使命。夹板的明沟暗渠和图形阴刻形成的水路使"染"成为可能（图4-3-3）。夹缬染的染有单色染和彩色染，染的手法有大面积的浸染和局部的注染。浸染有利于颜色的均匀和提高固色度，而注染使染色的色彩有变化。

在夹缬染中夹板兼具"以夹防染"和"染色"的功能，同时夹板的尺寸决定单元纹样的大小；夹板的厚度决定夹缬染可承受的压力，耐久不变形；夹板的图形、线条布局、线条走向、阴刻线条的连贯，加上明沟暗渠的设置使夹板完成了"以夹防染"和"染色"的功能。

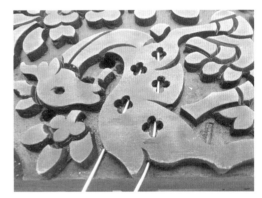

图4-3-3　夹板水路贯通达到染色的功能（图片来源：自摄）

第四节
夹缬染的工艺流程

夹缬染的整个工艺过程可分为刻板、备布、夹布、浸染、卸板、晾晒等环节。

一、刻板

刻板是夹缬染最重要的、最有技术含量的环节。首先为了确保木板夹紧面料，要挑选优质不易变形的雕版材料，保障其耐磨损、遇水不易变形。雕刻时用的图形多数为在之前雕版涂墨拓印留下来的"粉本"，粘在木板上进行雕刻；或是按照要求重新画出新的纹样雕刻。新夹板的纹样设计要考虑到夹缬染的用途、适合的纹样故事和主题、如何将吉祥寓意穿插其中等，同时兼顾构图均衡、框架饱满。在设计新夹板前更要考虑和提前设置好夹缬板的"明沟暗渠"，确保浸染时染液贯通和染色。蓝夹缬染上的纹样是靠夹板夹紧面料防染完成，在"粉本"上的白色部分是需要刻凿的沟渠、条块，也是染液染色的部分。

二、备布

备布分两步。首先将面料浸泡去浆，经捶打或用碱水、热水浸泡后使面料去掉表面杂质和纺织过程中的过浆，使其在上色时能够均匀受色，增加其吸附能力，去浆后熨烫平整备用。第二步是按照夹缬染的工艺要求处理面料，这一环节包括折叠、分段标记、卷布。

（1）传统浙南蓝夹缬染的制作时根据手织布的幅宽而定，布的长度通常为1000厘米（10米），宽度通常为50厘米。蓝夹缬染多用于制作被子等，由四条夹缬染面料拼接而成。首先为了得到对称纹样，先将面料宽度对折成宽25厘米的长布条。

（2）将长度1000厘米的面料长度折成4段，每段为250厘米，做标记。

（3）每条250厘米长度的布条安置4个夹板长度，每块夹板约45厘米，剩余70厘米，布条与夹板间隔共5个，按照这个要求用线做好标示。

（4）为了方便夹布，将标记好的10米面料卷到圆轴上方便待用。

三、夹布

（1）首先将整套花板按照顺序排好，将木制或铁制的夹缬染框架摊平放开，为了操作方便可以在下面垫置凳子。将第一块单面夹板平置其上，夹板雕刻的一面向上，每块夹板内口朝向自己，外口向外放置（图4-4-1）。

（2）将卷轴上的面料按照记号预留的位置标识平整地铺放在花板上，夹布时将面料对折的一侧和花板内侧对齐，面料多余的一侧在花板的边框外侧。面料与夹板内侧对齐很重要，否则造成染制后图形中间的缝隙（图4-4-2）。

（3）覆盖对应的第二块花板；留14~15厘米将面料折回，用卷轴安放面料后再继续放第三块花板。夹布是很关键的一环，布料对折不整齐图形会歪，夹板间面料留的长度有误差时，最后四条夹缬染布拼缝时，夹缬染图案会上下不齐（图4-4-3）。

（4）以此类推，按照之前在布上做的标记，把布铺排在17块花板之间。面料保持自然平整，不能有褶皱夹入，也不能夹完后过力拉扯，使面料发生纬斜或纤维拉紧，造成次品或图形变形（图4-4-4）。

（5）最后将第17块夹板图像向下放置好，完成夹布的环节。每一块夹板的放置都要和下一块夹板在内口侧面上下齿口对齐，方可使染液通畅，纹样精准（图4-4-5）。

图4-4-1　夹布步骤1（图片来源：陈献武）

图4-4-2　夹布步骤2（图片来源：陈献武）

图4-4-3　夹布步骤3（图片来源：陈献武）

图4-4-4　夹布步骤4（图片来源：陈献武）

图4-4-5　夹布步骤5（图片来源：陈献武）

（6）将框架两侧拉起，用楔木或金属扣件拧紧夹缬染框架螺丝帽，利用压力阻隔染液不会渗入夹板防染的部位。测量框架四边的长度间距，确保压力的一致性，方可染色均匀（图4-4-6）。

（7）夹布完成后用竹片撑子和细铁丝将面料的间距调至均匀，确保面料浸水后不会粘连影响染色的均匀。同时面料不会遇水软塌堵塞夹板的明沟暗渠（图4-4-7）。

图4-4-6　夹布步骤6（图片来源：陈献武）

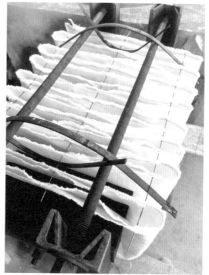

图4-4-7　夹布步骤7（图片来源：陈献武）

四、浸染

　　浸染时首要保证染缸的状态良好，夹缬染的染液要在夹板的缝隙内贯通染色，比大面积直接浸泡在染液里的扎染、蜡染的难度大得多。因此染缸状态要好，染色和氧化时间也要延长。

　　（1）利用吊挂式电动升降设备，将整套夹缬染板横向吊挂，夹板内口向下，徐徐放入染缸中染色（图4-4-8）。

（2）每次染色时间约20～30分钟，吊出染缸使其氧化，待其氧化后再次放入染缸重复多次染色（图4-4-9）。

此外，蓝夹缬染的整套花板夹紧后高度达到80～90厘米，重量达到几十千克，需要借杠杆支架将整套花板吊起、夹板横向内侧向下放入染缸浸染。染色的时候，为了染色均匀，整个夹板和面料要完全浸入染液中，通常浸染20～30分钟后将整套夹板吊起来氧化15分钟，侧向左右摇晃整套夹板，将多余的染液从夹板侧面的孔洞、缝隙中流出，使面料在空

图4-4-8　夹缬入缸染色（图片来源：陈献武）

图4-4-9　夹缬染氧化环节（图片来源：陈献武）

气中均匀氧化，面料的颜色由深绿变蓝，完成氧化过程。染制过程中还会将花板掉转上下，使染色均匀，多次重复染色过程后达到预期颜色即可。

五、卸板、晾晒

染色完成后，先用清水冲洗掉夹板和面料的浮色，防止浮色相互沾染，再将夹缬染板的框架打开，卸除花板将面料取出，用清水漂洗干净，阴干晾晒后完成整个夹缬染过程。

第五节
夹缬染的工艺技术

夹缬染有其可复制的优点，也有其受夹板制约缺少变化的缺点。在夹缬染中要打破常规、尝试突破，改变夹板的式样、夹的方式、染的方式都可以演绎出不同的效果；而夹染的位置、夹染的面料层数、夹染松紧的改变，同样会带来不同的效果；尝试叠加更多色彩也会改变传统夹缬染的视觉效果。回想唐朝精湛华美的五彩夹缬染，会带给我们更多的启发和创作空间。

一、夹缬染的板

传统的概念将夹缬染的板分为雕花板和几何板两大类，雕花板有凹版、镂空版之分；夹板特质如图4-5-1所示。

夹缬染板的染液贯通 = 材料的厚度 + 明沟暗渠的设置

夹缬染板的压力带来的阻隔效果 = 材料的挺硬度 + 密实防水的性能

图4-5-1 夹板特质

当我们了解夹缬染的本质特点，在拓展思维时会发散更多可能性。

（一）夹板的材质

在夹缬染中，夹板材质的选择有更多的可能性：吻合挺硬度和防染要求的材料有很多，包括金属、不锈钢、亚克力、PVC及木、竹等。在夹缬染中，夹板需要少许施压后夹紧的特性，因此完全挺硬、韧性欠缺的金属板、亚克力板在夹紧后，其本身材质的挺硬度，无法将压力转移到所夹的纺织品上，从而会造成颜色渗漏。而木板在一定压力下会稍稍变形，木材的密度和强度决定了木材的抗压性，正是这种恰到好处的韧性会使木板对所夹面料更好地施压，使染液不会渗透。

（二）夹板的形式

除了传统的对称长方形，夹板还可以尝试多种式样。上下对称的夹板可以染制出规则的图形，不规则的形态或上下夹板不同时会出现更多可能性（图4-5-2）。

图4-5-2　各式夹板的式样（图片来源：自摄）

二、夹缬染的夹

（一）折叠夹染

传统夹缬染是将面料熨烫平整后，中缝对折夹在花板中。当我们尝试将部分面料折叠后再夹缬染，会出现不同效果。折叠后面料厚薄不一、渗色不同（图4-5-3～图4-5-5）。

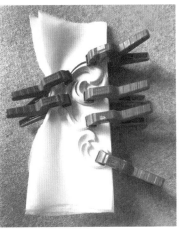

图4-5-3　传统夹缬染与折叠后夹缬染（图片来源：自摄）

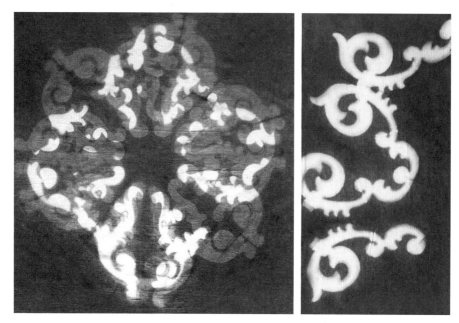

图4-5-4　同样夹板不同的夹缬位置（图片来源：自摄）

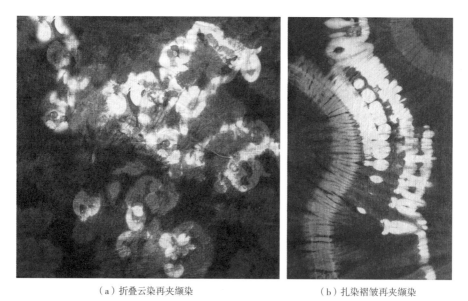

（a）折叠云染再夹缬染　　　　　　　　（b）扎染褶皱再夹缬染

图4-5-5　不同的夹缬染方式（图片来源：自摄）

　　在现代夹缬染中，我们可以尝试各种工具，利用各种木制雕花模具，通过夹紧、阻隔和多次复染达到不同的效果。

（二）移位夹缬染

　　夹缬染可以利用蓝染多次染色特性，在染色过程中移位染色，获得不同深浅的效果（图4-5-6）。

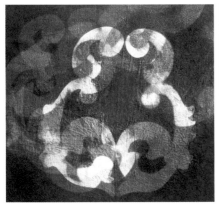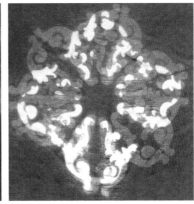

图4-5-6　移位夹缬染（图片来源：自摄）

三、夹缬染的染

（一）夹缬染的材质

历史中夹缬染的材质以丝绸为主，含绫、纱、罗、绢、绮、绸、缎等。当代浙南夹缬染以厚实紧密的棉布为主；通常彩色植物染夹缬染为了染色效果鲜亮，会采用真丝面料；蓝夹缬染可以选用棉麻类面料。夹缬染类面料要选用较厚实牢固的材质，一方面染色时间长，需要在框架的紧束下反复染色；另一方面框架的压力很大，如果面料过于稀松轻薄，容易在染色环节造成面料破损。

（二）夹缬染的染色方法

染色方法主要包括注染法、浸染法。夹缬染的注染在唐宋年间有使用，目的是显现更多颜色和色彩的渐变、叠加效果。将面料和夹缬染框架浸入染液的浸染法是目前夹缬染的主要方法。

（三）夹缬彩色染和夹缬染蓝染

夹缬染的染料可选择植物染料，例如唐宋的苏木、茜草、黄檗染。在染色时可以用单色染，也可以尝试套色染和多色染，其中多色夹缬染也称五彩夹缬染。

1. 单色夹缬染

如同浙南夹缬染方法，单色夹缬染是在夹板上雕刻流畅的凹槽状纹样，多层夹染面料，一个染缸内染色，一次得到多幅单色的夹缬染图案（图4-5-7、图4-5-8）。

2. 套色夹缬染

套色夹缬染指通过先后套色染，可以得到双色和套染后的颜色（图4-5-9）。

图4-5-7　同样夹板的单色染（图片来源：自摄及电脑模拟）

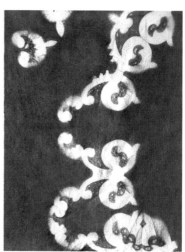

图4-5-8　单色栀子夹缬染（图片来源：自摄）

图4-5-9　栀子+蓝靛套色夹缬染的效果（图片来源：自摄）

3. 多色夹缬染

多色夹缬染是指除经过夹缬染工艺染制，呈现多色的染色效果。唐代的夹缬染以多色夹缬染为主，这种技艺较为复杂。郑巨欣老师的论文《中国传统纺织印花研究》针对夹缬染有详尽的介绍，同时他复刻了唐代部分经典夹缬染作品，从中分析唐代彩色夹缬染的主要方法。在他的论述中提出"利用分区染色一次印多色夹缬染法"，这种夹缬染法在染第一种色彩时只需将相应的凿孔敞开，将其他染色区域的凹槽凿孔封闭；染完第一色再染第二色时，封闭第一色凹槽的凿孔，打开第二色凹槽的凿孔，以此类推完成多色夹缬染。此外还有"镂空版夹缬染法"，是将镂空版与镂空版相对夹布，将不同的染液从上下两面镂空处交替注入，直到染到所需色彩饱和度为止。

在郑巨欣老师的论文中呈现了其中一个彩色夹缬染的复刻过程——"南无释迦牟尼佛印花绢"（图4-5-10），郑老师在实验中用三套不同的夹缬板套染，每次印一套色、操作分三次完成。首先用苏木夹缬染红色，其次用黄檗染黄色，再次染蓝色，最后用手绘的方式绘制人物的五官，完成整个夹缬染的染色过程。

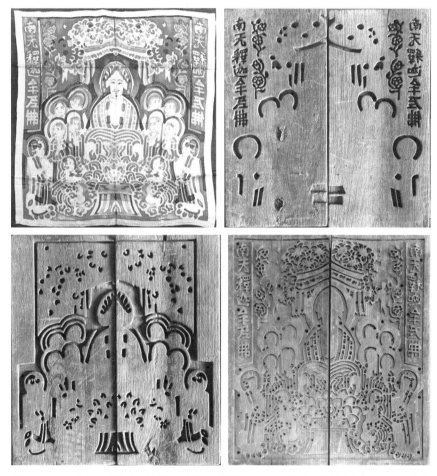

图4-5-10　"南无释迦牟尼佛印花绢"复刻品及三套夹缬板（图片来源：王河生蓝夹
缬染博物馆，自摄）

王河生老师复刻了唐朝的"绀地花树双鸟纹夹缬染绸褥"，其为单板注染多色夹缬染，利用两片对称的夹板通过纵向水路在背部的孔洞分别注入染料（图4-5-11），得到多色的夹缬染效果。

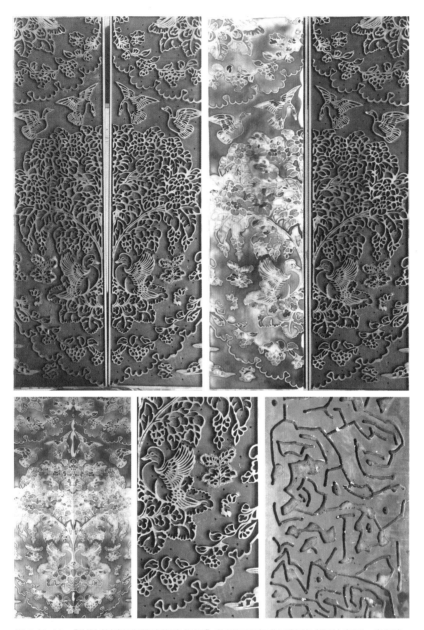

图4-5-11 "绀地花树双鸟纹夹缬染绝褙"花板正面与背面细节（图片来源：自摄）

多色夹缬染在制作时，花板凸起的位置在夹布时显现白色，同时也起到隔离色彩的作用，因此多色夹缬染首先需要注意夹紧。

（四）彩色夹缬染实验过程

1. 第一阶段

（1）选择大小适中、有一定厚度的花板，将真丝面料夹在对称两块的花板内，用"G"形夹加紧四周（图4-5-12）。

（2）在花板内部镂空处浇注加热的栀子染液，多次反复在正面、反面浇注，达到预期效果后冲掉浮色，再染四周的蓝靛色，同样多次染色多次氧化，达到深蓝效果（图4-5-13）。

（3）蓝色染完后清洗浮色，稍晾干后卸去夹板，再次清洗晾晒，完成染色（图4-5-14）。

图4-5-12 栀子＋蓝染夹缬染实验过程1（图片来源：自摄）

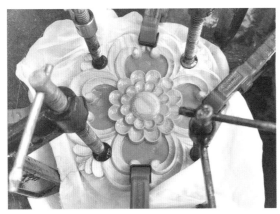

图4-5-13 栀子＋蓝染夹缬染实验过程2（图片来源：自摄）

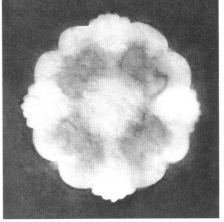

图4-5-14 栀子＋蓝染夹缬染实验过程3（图片来源：自摄）

（4）更换深喉"G"型夹，夹固花板内部和边缘，得到相对清晰的内部花纹（图4-5-15）。

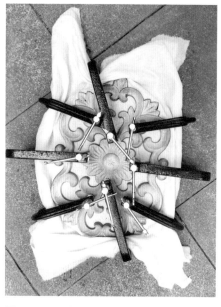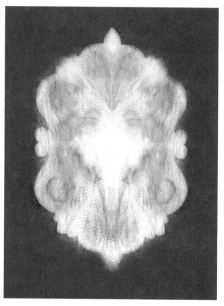

图4-5-15　栀子＋蓝染夹缬染实验过程4（图片来源：自摄）

第一阶段的实验结论：蓝靛染色显色慢，边缘相对清晰，而热染的彩色染液浸染速度快，容易溢出。这种色彩溢出有多方面的原因，压力不够、压力不均、染液浓度不够、面料密度不够都会造成夹染过程中颜色的溢出。

2. 第二阶段

更改夹的方式，从前期的夹花板边缘到用整块板对应花板打孔后上下压夹（图4-5-16），均匀地加大压力，浓缩染液后采用从孔洞处注染的方法（图4-5-17），同时更换密实的面料，使颜色渗色问题得到一定的改善。

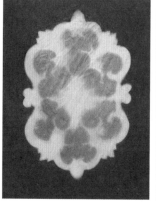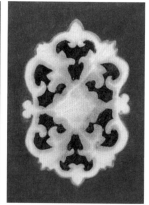

图4-5-16　栀子＋蓝染夹缬染实验过程5（图片来源：自摄）

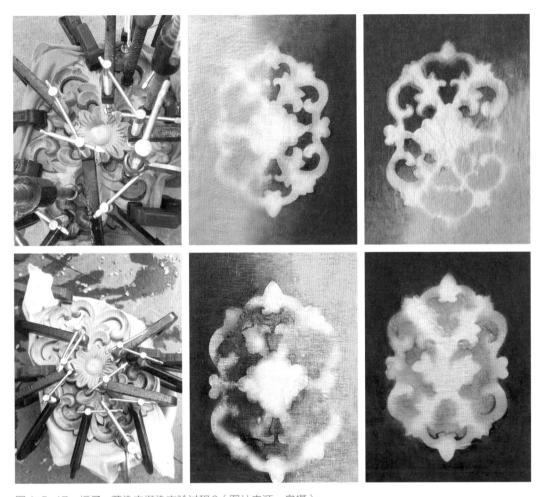

图4-5-17　栀子＋蓝染夹缬染实验过程6（图片来源：自摄）

1.阐述夹缬染工艺的制约与设计应用。

2.如何借助新技术尝试夹缬染创新？

第五章

型糊染

　　每一种新工艺的产生都与当下的社会发展有着千丝万缕的联系，在印染工艺中，染色与印花是两种不同的工艺，也是两种不能分开的工艺。染色师尚可以不会印花，但我们却无法想象印花工作者不懂染色。回溯染缬技艺数千年发展史，可发现其痕迹从民间至贵族均有分布。据记载，早在西周早期就设置很多机关处理国家政事，旧时称"六官"，即天官、地官、春官、夏官、秋官和冬官。天官下设"染人"一职，负责管理染色生产；地官下设"掌染草"一职，负责染料的征集和加工。后来秦朝设有"染色司"，自汉至隋，各代也都设有"司染署"。

　　我国的印染工艺始于战国时期，从《考工记》中记载的"画缋之事"，可以看到贵族以画缋纹样区分官品高低，彰显地位尊卑。至秦汉时期的印花敷彩，画缋因其费工费时色牢度差逐渐被取代。到唐朝时期，我国的印染工艺已经相当发达，不仅在质量和数量上都有所提高，还出现了新的印染工艺，如在甘肃敦煌出土的唐代凸版拓印的团窠对禽纹绢，这是自东汉以后隐没了的凸版印花技术的再现。从出土的唐代纺织品中还发现了若干不见于记载的印染工艺，如用碱作为拔染剂在生丝罗上印花，使着碱处溶去丝绞变成白色以显花；用胶粉浆作为防染剂印花，刷色再脱出胶浆以显花。元代通俗读物《碎金》一书中就记载了当时九种染缬的名目，其中浆水缬就是以其工艺制作的特点命名，用糊料进行染色。

　　我国的纺织品手工印花工艺已经有2000多年历史，从印染的工艺特点来看可将其分为三类，一为直接印花，即用染料与粉糊胶调制成印染浆，以镂空花板或凸型花板将染浆直接印在织物上，使其显花；二为拔染印花，又名"消色印染法"，即先染纯色底布，再利用拔染剂与媒染剂的化学反应使花纹部分呈现无色还原，完成在底色布上印花；三为防染印花，其工艺流程与拔染印花完全相反，是在染色前用防染剂在白色织物上印花后再染色，印有防染剂的部分无法上色从而达到显花目的。

　　本章主要就防染印花（型糊染）的工艺特性，结合笔者的学习、实践经验归纳总结展开叙述。

第一节
型糊染的源起与概述

一、我国型糊染的源起

"药斑布出嘉定及安亭镇。宋嘉定中（1208~1224年）有归姓者创为之。以布抹灰药而染色、候干、去灰药，则青白相间。有人物、花鸟，作被面、帐帘之用。"

——《古今图书集成·职方典》

"后苑造缬帛，盖自元丰初置为行军之号，又为卫士之衣，以辨奸诈，遂禁止民间打造。令开封府申严其禁，客旅不许兴贩缬版。"

——《宋史·舆服志》

图5-1-1　漏版印深棕色苎麻布

图5-1-2　刮浆板

我国漏版印花的技艺最早起源于何时何地，尚没有十足的文献记载和文物加以佐证。据考证，1978~1979年，考古工作者在江西省贵溪市渔塘公社仙岩一带的春秋战国时期崖墓群中，发掘出200余件文物，竹木器逾百件，纺织类器材33件，其中有几块印有银白色花纹的深棕色苎麻布（图5-1-1），就是用漏版印的。同时还出土了2块刮浆板（图5-1-2）。刮浆板为平面长方形（25厘米×20厘米），板薄，柄短，断面为楔形。据《中华印刷通史》记载，这是迄今世界上发现的最早的型板印刷文物。

吴淑生、田自秉在《中国染织史》中谈到织物印花时写道："凸版印花技术在春秋战国时代得到发展，到西汉时已有相当高的水平。"湖南长沙马王堆辛追墓中出土的印花敷彩纱及用其制作的衣袍（图5-1-3）是目前发现最早的印花和彩绘相结合的丝织物。印花类似于盖章，是将凸纹印花板在纱上戳盖，敷彩则是按照要求使用颜料在纱上进行细致的描绘。印花和彩绘相结合也是技术史上的一大革新，是我国古代劳动人民在涂料印染方面的智慧结晶，它的发现不仅证实了《考工记》中记载的"画缋之事后素功"，也说明凸版印花在当时已经初露锋芒，在中国文化史上具有重要的意义。

印花敷彩纱丝绵袍上的花纹（图5-1-4）主要是藤本科植物的变形纹样，有枝蔓、蓓蕾、花蕊、叶子。从纹饰的着色效果来看，人们推断分布均匀的枝蔓是镂空版印染上去的，而其他部分则是由沾有不同的色染料的笔画上去的。

图5-1-3　西汉印花敷彩纱丝绵袍（图片来源：湖南省博物馆）

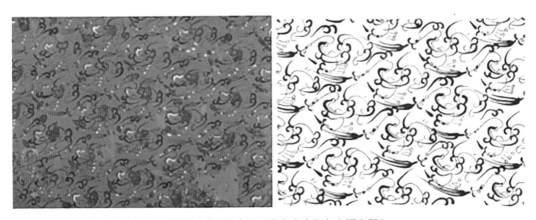

图5-1-4　西汉印花敷彩纱及其线描图（图片来源：湖南省文物考古研究所）

秦汉时期，印花敷彩纱由于其工艺过于复杂，加之画缋染料制备技术不佳，染料的浓缩度不够，费时费工且色牢度不尽如人意，并不能很好地适用于人们的日常生活。于是人们不断尝试改进染料及印花技术，并逐渐总结出了染色与防染的原理，绞缬、夹缬等染缬技艺被人们广泛采用，印花敷彩等直接印染技艺逐渐被迭代。

1959年，新疆考古工作者从尼雅遗址中发掘出一块蓝印花布（图5-1-5），约为1~3世纪的纺织印染品，也是迄今为止世人所能见到的历史最为久远的蓝印花布出土文物。我国古

图5-1-5 民丰尼雅遗址出土的蓝印花布

图5-1-6 唐朝绞狩猎纹灰缬绢（图片来源：FDC 面料图书馆）

图5-1-7 宋代蓝灰缬（图片来源：谢太傅）

代漏浆印花最初使用的防染剂并非糊料而是蜡，西南少数民族地区首先出现用蜡做防染浆剂染花的方法，旧时称镂空版印蜡也称凹版印蜡。北朝出现了用镂空花板和防染技法染制的蓝底白花布实物。新疆于田屋于来克古城北朝遗址曾出土蓝底白花毛布残片，残片纹样的几何花纹由点构成，但点与点之间互不相接，且明显能看出花纹中有接板迹象，后研究人员对出土的面料进行分析，得知这是用薄型木板镂刻花纹后，用蜡熔化点在镂刻的纹样中。

隋唐时期，国家统一，社会发展，我国封建社会到达鼎盛时期，各国文化相互传播交流，染缬技术也日臻成熟，上至宫廷，下至平民百姓，这一点从唐代的传世绘画佳作中便可得知（图5-1-6）。"四缬"之一的灰缬即源于此时的碱性印花布，因其碱性剂从草木灰中取得而得名，而后由石灰代替。

时至宋朝，刚刚结束了五代十国分裂格局的混乱局面，国力衰退，为重振国运、以安社稷，宫廷自奉节俭。《宋史·舆服志》载政和二年（1112年）诏令："后苑造缬帛，盖自元丰初置为行军之号，又为卫士之衣，以辨奸诈，遂禁止民间打造。令开封府申严其禁，客旅不许兴贩缬版。"盛行的染缬工艺发展受到极大限制，除蓝白印染花布外，蜡缬、绞缬、夹缬在中原地区逐渐衰退，民间染缬也由此趋向于单色。

缬板的禁用抑制了原有印染技艺在民间的发展，但这也不能阻断彼时民间对美的追求。缬板受制，时下各方需求驱使，南宋时期民间便出现了用黄豆粉加石灰、米糠等作防染浆料的工艺（图5-1-7）。

使用木板刻花板费工费时且容易变形，颜色较易渗透，有人将此法加以改进，用纸板上柿漆后刻花漏印，从而大大提高了生产效率，纸刻花板逐渐取代了木制的花板。民间艺人也大胆吸收剪纸、刺绣、织锦、木雕等传统手工艺术图案，不断地丰富"药斑布"的纹样。与此同时，随着油制伞业的发展，用桐油纸来刻花板，省工省时效果好，上油后花板耐水、耐刮性强，使用寿命长，其花纹表现更丰富，使刻板漏浆工艺趋于成熟。而"药斑布"一词，目前可考最早在南宋时期《玉峰志》中出现："药斑布，中袄裀褥以麻苎布皆可为之，布碧而花白，山水鸟兽楼台士女之形如碑刻然。"

"药斑布"的"药"，是指染色原料蓝草，俗称板蓝根，"斑"是防染糊覆盖面料以蓝靛染色后构成的纹样，大多以点为单位，看上去斑斑点点，去除糊料后保留底布白色，故称"药斑布"。不同地区对这一工艺的称呼各不相同，江苏称为"药斑布"，东北称为"麻花布"，湖北称为"豆染布"，福建称为"型染"（因工艺中需刻制型板而得名），上海称为"印花布"，山东称"豆面布""猫蹄花布"，后随着洋印花布的流入，约定俗成称为"印花布"，而"蓝印花布"则是为了与彩色印花布区分。

南宋之后，"药斑布"的普及度很高，时至今日仍在广泛地使用，究其原因离不开纺织业的革新和印染业的发展。我国的天然染色技艺在明朝到达顶峰，中国已有完备色彩系统，"青赤黄白黑"为中华五正色，以服饰色彩划分等级历代有之，而蓝色是中国庶民的颜色，安全，不犯忌，于是全国各地均盛行种植蓝草，为染制"药斑布"提供了充足的染料来源。除了染料充足，汉唐之际，棉花种植就从印度和中亚南北两路传至我国的海南、两广等地区以及新疆。自宋元时期，棉种植和棉纺织技术从边疆普遍流传到了中原，明清已经在全国盛行，"其种乃遍布天下，地无南北皆宜之，人无贫富皆赖之，其利视丝、枲盖百倍焉。"棉布的出现改变了只有昂贵的丝绸和低贱的粗纤维麻布这一局面。元代女纺织技术专家黄道婆为棉纺织技术革新做出了巨大贡献，棉纺织物广受百姓喜爱，"药斑布"因其工艺完备，便于批量生产，能够满足市场需求而广泛流通，衣被天下，至1834年法国的佩罗印花机发明以前，我国的手工印染技术一直为世界各国所叹服。

二、世界各地的型糊染概况及现状

传统手工印染工艺实际上是一个十分庞大的体系，根据其工艺特征有多种分类方法，以印花所需工具分类有木模板印花、镂空版印花、筛网板印花、滚筒印花；以印花技术原理分类有直接印花、防染印花、拔染印花、转移印花。狭义上的型糊染工艺目前主要集中在中国及日本，其历史渊源也基本一脉相承。从广义上来说，凡是有可重复图案为模板，以防染糊施以压力吸附在织物上为表现形式，经过染色除糊后呈现最终图案都可归类为型糊染，如我国新疆的模戳印花、印度的雕版印花（Block Print）。

（一）中国

型糊染在中国大陆地区更广为人知的叫法是"蓝印花布"和"彩印花布"，蓝印花布一词最早见于清朝光绪年间《申报》中一寻人启事标题描述："身穿蓝印花布衫裤"。清末正值彩色印花布开始盛行，为与其做区分，"蓝印花布"逐渐流传至今，成为中国最具特色的传统纺织印花形式，从色彩到图案无不反映出中国文化的审美传统。"蓝印花布"最繁荣时期以江苏为中心，浙江、山东、山西、湖南、湖北、安徽各省及东北等地都开设了蓝印花布作坊，各地又结合本地民风民情，创作符合当地审美情趣的"蓝印花布"纹样，从而产生了不同风格的蓝印花布图案，如湖南的风格随性野趣（图5-1-8），江苏的风格富丽华贵（图5-1-9）。

"彩印花布"这种工艺名称尚未有明确的典籍文献记载，直到1986年由鲍家虎整理编著的《山东彩印花布》一书让"彩印花布"为众人所知，书中介绍了大量山东各地传统镂空版"彩印花布"和少量的木板雕花的"刷印花布工艺"。我国的"彩印花布"以山东、山西、河南、河北等地区的图案最具代表性，风格大气简洁，构图灵活，色彩热烈且注重对比，层次和块面感表现强烈，取材寓意吉祥（图5-1-10、图5-1-11）。

明清之后，洋印花布的出现迅速占领了市场，手工印花布骤然萎缩，后随着社会的不断发展，近十几年传统印花布才又逐渐回到人们视野，力求与现代设计结合，借助设计赋予传统手艺新的生命力。其中"蓝印花布"以江苏南通国家级"非遗"传人吴元新老师为代表，"彩印花布"以山东"非遗"传承人张明建老师为代表。

图5-1-8 湖南刘大炮蓝印花布

图5-1-9 江苏蓝印花布（图片来源：谢太傅公众号）

图5-1-10　彩印花布1

图5-1-11　彩印花布2

　　我国台湾地区植物染色技艺在20世纪末有很长一段时间的断层。马芬妹老师历时10年在我国台湾地区复育蓝染，赴日本学习相关染色工艺，开班授课培养专业染色职人并出版蓝染技术手册《台湾蓝草木情——植物蓝靛染色技艺手册》。我国台湾地区植物染工艺大师陈景林老师多次到西南少数民族地区记录及学习传统工艺，整理并出版了《大地之华》上下两册，为后来学习者提供了宝贵的经验和学习素材。我国台湾地区与日本交流有着天然的地理优势，目前我国台湾地区广泛应用的型糊染也是学习了日本的型染工艺，图案风格主要表现我国台湾地域特色，以自然景观（图5-1-12）、虫鱼鸟兽为主（图5-1-13、图5-1-14）。

图5-1-12　汤文君型染作品1（中国台湾）（图片来源：自摄）

图5-1-13　汤志伟型染作品2（中国台湾）（图片来源：自摄）

231

图5-1-14　陈怡仁型染作品（中国台湾）（图片来源：自摄）

近年来，我国传统手工工艺以其独一无二的魅力重回大众视野，型糊染如"蓝印花布"一样被广泛使用，中国大陆地区也从我国台湾地区引入了糯米糊作为防染剂，越来越多的原创设计师对其感兴趣，以设计赋能传统工艺。传统印染工作室在全国各地也如雨后春笋般出现，年轻的主理人在传承工艺的同时，也不断向资深工艺师学习和精进工艺水准，最终将工艺应用在不同的载体上，在生活中传承，使型染工艺重焕新生。

（二）日本

通过对比，我们不难发现，日本型染与我国传统蓝印花布工艺原理趋同。据日本木村光雄研究，我国的"蓝印花布"工艺在镰仓时代（1185～1333年）传到了日本，此时正是我国"蓝印花布"发展初期（南宋中后期至元代中前期），可以说日本蓝型染是在中国"蓝印花布"的影响下产生和发展起来的。然而，由于中日两国的文化差异以及地域差异，我国的工艺传入日本后，日本的工匠在其固有思维的影响和主导下，改进外来工艺，注入本国文化特色。从室町时代至江户时代，日本的型染逐步自成体系，发展成为与日本风土气候和审美意趣相契合且韵味独特的型染艺术，显现出鲜明的日式工艺文化特征。

型染的日语为"Katazome"，"Katazome"中"Kata"是模型、花样的意思，型纸是由"和纸"（Washi，一种传统的手工日本纸张）制作而成的，将很多层薄薄的"和纸"利用涩柿汁黏合，这样处理过的"和纸"韧性较大且防水性能非常好。

日本传统型染包括小纹染、中形染和大纹染，为了区分纹样大小而进行的命名（图5-1-15）。小纹染也称"江户小纹"，起初用于室町时代及江户时代前、中期武士阶层的礼服，在江户时代末期至明治时期（1868～1912年）、大正时期（1912～1926年），逐渐被用于女性和服，其特点在于远看呈现朴素单一的颜色，近看则有着细腻精致、变化万千的碎小花纹，内敛含蓄中藏着无数玄机；大纹染以染制日本家纹等大花纹为特征，始于室町时代，主要用于江户幕府的武士礼服，也用于旗帜和包袱布等；中形染，也称为"江户中形"和"长板中形"，是指介于大纹样（大纹）、小纹样（小纹）之间的中等纹样，始于江户时代中期，主要用于制作"浴衣"或"蓝衣"（庶民百姓穿着的棉布和服）。除此之外，说到日本型染就不得不说冲绳岛屿的"琉球红型"，也是极富地域特色的一种型染，声名远播。

图5-1-15 日本小纹染、中纹染、大纹染

　　红型染的历史可以追溯到海外贸易盛行的14～15世纪。琉球王国与隔海相望的中国福建地区最先通航，随着贸易往来和文化交流，受中国印染工艺影响的琉球王国产生了最初的型纸（镂空版）染技术，之后又不断吸收印度、爪哇印花布以及日本本土友禅染的技法。琉球王朝13代尚敬时期（1713～1751年），"琉球红型"进入蓬勃发展的阶段，形成了独具特色的琉球染色艺术（图5-1-16、图5-1-17）。

图5-1-16 "琉球红型"之凤凰牡丹纹　　　　图5-1-17 "琉球红型"之山水阁楼纹

　　日本型染与我国"蓝印花布"工艺相较而言，值得一提的是日本型染突破了对图案的局限，线条长短粗细、块面大小皆可实现，且不用因图案对后续刮糊有所顾忌，其原因有二：一是日本将防染糊因地制宜地改为米糊，米糊颗粒更为细腻，在极细的镂空处仍可防染；二是在刻好型板之后加入一道工序"贴纱"，即在两张同样的型板中间穿插排列丝线，再以柿漆或糯糊黏合，以保证再刮糊过程中型板的牢固，这一工序在美国大都会博物馆收藏的众多早期日本型板中就能看到（图5-1-18），其在当时被广泛应用，与我国染大块宽

幅面料不同的是，日本做型染所用的都是45厘米左右的窄幅面料，故而"贴纱"工艺得以使用。后来，"贴纱"逐渐被简化为"张纱"或"张网"，也就是用腰果漆直接将纱网粘在刻好的型板背面，这一改进大大节省了制板时间。

　　型染在日本毫无疑问发展成了展现自己文化魅力的形式载体，诚然日本的手工型染工艺同样受到冲击，但其所构成的工艺体系如今仍值得当代工匠师们学习借鉴。当代日本染色工艺职人秉承世代相传的工艺精神并寻求新的突破，譬如以柚木沙弥郎为代表的国宝级型染艺术家，倡导发掘、活用日常用品"使用之美"，展示了很多富于装饰性的型染作品（图5-1-19、图5-1-20），同时融合了现代艺术的元素，图案创作大胆幽默，活力的色彩散发着令人愉悦的气氛，简约之中不失可爱，可爱之中又不失大气，与传统色彩融为一体，但又足够现代，贴近现代生活。

图5-1-18　日本早期型板（图片来源：美国大都会博物馆）

图5-1-19　柚木沙弥郎型染作品

图5-1-20　柚木沙弥郎型染作品

（三）印度

　　素有"世界染织工艺始祖"美誉的印度，是印染历史悠久的国家之一，又是棉花种植的发源地。同时印度作为东西方文化的交融之地，其手工雕版印花技术在世界纺织文化中都具有举足轻重的地位。印度的雕版印花在工艺、审美特点、文化内涵等方面都具有很高的艺术价值和应用价值，是印度纺织文化的杰出代表。

　　印度雕版印花工艺（Block Printing）也被称为手版印（Hand Printing），是印度古老的手工布料染色印花工艺之一。据考证，目前学术界还没有证明雕版印花工艺确切的起源时间，但毋庸置疑的是，该工艺在印度经历了千百年的文化沉淀，融汇了东西方文化的智慧，反映出深厚的文化内涵，在不断的传承创新中又具有时代性的审美情趣。

印度雕版印花工艺受不同自然环境和历史文化背景的影响，其不同地区的雕版印花风格各异。印度拉贾斯坦邦巴洛特拉地区的雕版印花图案，呈蓝底红花或黄花风格，在印度古吉拉特邦讷利亚地区的雕版印花图案呈点式排列，而喀奇地区的雕版印花图案呈混合型的几何纹和莲花纹（图5-1-21）。印度的雕版印染手工艺分布广泛，主要存在于印度北部拉贾斯坦邦和西部古吉拉特邦等地区，其中最具有代表性的是印度北部拉贾斯坦邦的雕版印花工艺。

图5-1-21　印度喀奇地区图案风格（图片来源：自摄）

印度雕版印花模具分为木模（图5-1-22）和金属模（图5-1-23）。印度部分地区采用金属模印染布料，主要分为金属镶嵌式和金属镂印式模具，这类模具的耐用性比木模好，不易变形、抗压性强，但制造成本要高出木模几倍之多。一块雕版印花布图案通常是由一组雕版组成，不同的雕版对应不同的图案以及不同性质的糊剂。

图5-1-22　印度手工木模（图片来源：自摄）

除了图案风格的地区差异化，印度每一家印染工作坊在印花技术上都有各自的方法，根据不同花色图案的多少一般要经过12道左右工序（图5-1-24）。笔者经过多次与来自印度古吉拉特邦的印花工匠Abdulrahim Anwar Khatri（Kara）学习，如图5-1-25所示，将印度雕版印花大致工艺流程整理如下。

（1）挑选未经处理的白坯布。

（2）清洗退浆，印度传统方法是利用乳化的蓖麻油、苏打粉和骆驼粪混合物浸泡，使布料呈现亮白色，软化面料。

（3）面料前媒染，将布料浸泡倒有诃子粉的水中，然后直接晒干，有助于上色。

（4）印防染糊，以熟石灰与阿拉树胶混

图5-1-23　印度手工金属模（图片来源：自摄）

图5-1-24 印度喀奇地区印花图案1（图片来源：Abdulrahim Anwar Khatri）

合而成，根据图案设计印线稿，区分不同区域的图案。

（5）印直接印染糊，以铁锈水加棕榈糖加罗望子果粉混合而成，将整体图案黑色部分填黑。

（6）印媒染糊，以黏土加明矾加阿拉伯树胶混合而成，将红色图案部分印上媒染糊。

（7）在花纹细节部分需要留白的区域印防染糊。

（8）确定糊料完全干透后，将整块布料放入靛蓝染缸中染色，根据蓝色深浅增减蓝染次数。

（9）清洗布料。

（10）茜草在大铜锅内慢慢加热，将布料放入其中染红色。

（11）将红色图案周围需要最终效果留白的部分印上防染糊。

（12）将整块面料平铺在地上，喷洒石榴皮染液，至蓝色部分变绿。

（13）最终清洗打浆，这一步的清洗尤为重要，用力摔打才能使面料上粘到的糊料彻底清洗干净，经过这个环节的清洗会使布料颜色增亮。同时水的质量和矿物质的量也会影响色泽和色牢度，富含明矾、锡等的水则有助于织物颜色的明亮，但含铁量高的水会使织物颜色变暗。

在印度雕版印花工艺中，每一种底色不一样染色顺序都会有区别。如今的印度，即使化工染料代替了天然染料，仍然有一部分手工艺人坚持手工雕版印花工艺，用精美的花纹雕刻以及天然染料进行纯手工印染，诠释了印度文明的斑斓色彩。积极创新工艺与材料媒介，并和传统工艺相结合，为印度雕版印染带来更强的生命力。

图5-1-25　印度喀奇地区印花图案2（图片来源：Abdulrahim Anwar Khatri）

第二节
型糊染的概念与原理

灰缬，我国"四缬"工艺中出现最晚的防染印花工艺，现多称为型糊染，也就是人们现在常说的"蓝印花布"工艺。回溯我国型糊染的古今来路，可得知其是一门具有深厚历史文化的传统手工防染染色的工艺。

对比不同国家和地区以"糊"为介的防染工艺后，可以发现这些工艺看似不相关但其实工艺原理趋同，都是以耐水、易于保存和重复的材质刻制"型"，或纸质，或木质；以当地易于取得的介质作为"糊"，或黄豆粉，或糯米粉，或树胶；以直接浸染、喷染、刷染色素呈现"色"。每一个要素拆解成型糊染不同的工艺环节，主要包括图案设计、型板雕刻、张网固板、糊剂调制、置板刮糊、染色套色、清洗除糊等。相较绞缬、蜡缬，型糊染工序更为繁杂，无法短时间内马上呈现图案效果，但从量化生产的角度来说，型糊染无须每一次呈现都要一针一线、一笔一画地操作，耐水的型板可以重复使用，多种组合排列或复制连续性纹样，清晰的步骤可转化为生产线生产，效率和产量都能得到极大的提升。再者，从创作角度来说，型染糊同样可以像蜡一样使用，配合型板的多样性，给予创作更多的可能性。

综上，吸附和压力是型糊染的灵魂，也就是其防染原理。

型板置于面料之上，通过型板可以对防染糊施以压力，具有一定流动性的防染糊在湿润黏稠的状态下渗透进纤维孔隙，等待面料完全干燥之后，收缩吸附于面料纤维之上。防染糊的阻挡使纤维无法接触染液，去糊后达到防染显花的目的。

防染糊对于面料的吸附力强弱直接影响最终的防染效果，吸附力越强，除糊之后图案与底色对比越强烈；反之则越弱（图5-2-1）。

防染糊的吸附

| 面料的属性 | 面料的厚薄 | 压力的大小 | 糊剂的比例 |

图5-2-1　影响防染糊吸附力的因素

一般来说，型糊染适用于表面平整的棉麻真丝类面料，且面料有一定的硬挺度更便于刮糊，面料过于疏松或过薄会导致防染糊多余的水分在干燥之前晕开，从而没有完整清晰的图案轮廓线。同时在刮糊时，压力控制也就是用力大小也影响防染糊的吸附力，刮糊用力过重则防染糊无法全覆盖，刮糊过轻则防染糊晾干染色容易剥落。再者就是在调制防染的石灰粉和黄豆粉（糯米粉）比例，要根据不同面料属性厚薄，调整比例不可一概而论，关于不同比例防染糊的调制在第三节会有详细叙述。

型糊染染色原理如图5-2-2所示。型糊染制作流程如图5-2-3所示。

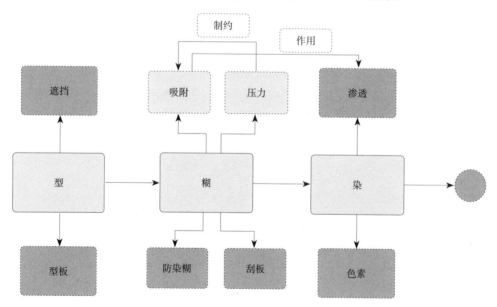

图5-2-2　型糊染染色原理

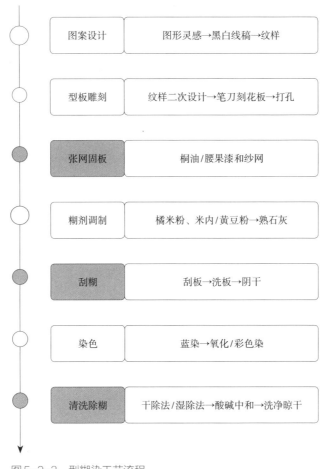

图5-2-3　型糊染工艺流程

第三节
型糊染的工艺及其特性

一、型糊染工具一览

　　型糊染不同于绞缬、夹缬、蜡缬，对于初学者而言，前期工艺步骤相对而言更为烦琐，每个工艺环节涉及的工具不尽相同且种类繁多。在充分理解工艺原理且对工艺有一定熟练掌握度之后，图案设计环节有很多工具都可以忽略不用，其他环节也可根据个人习惯增减或替换工具。型糊染每个工艺环节所需工具材料见表5-3-1。

表5-3-1　型糊染每个工艺环节所需工具及材料

工艺环节	工具材料	部分工具材料图示
图案设计	打印机、拷贝台、拷贝纸、打印纸、深色马克笔或油性笔、修正液、黑色签字笔、铅笔、橡皮擦	
型板雕刻	涩柿纸、代用型纸、牛皮纸、熟桐油、刷子、刻刀、备用刀片、A4切割垫、美工刀、打孔器、打孔模具、橡胶橡胶垫、木槌或橡胶锤、3M除胶剂	
张网固板	绢纱网、金属网、腰果漆、松节油、胶水、毛刷（刷漆用）、小碗、桐油、报纸	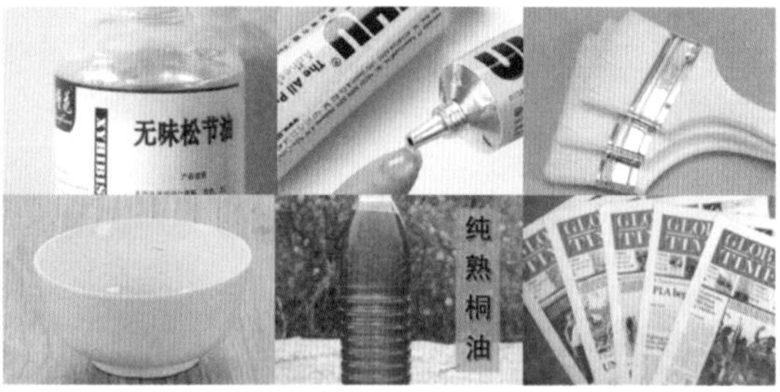
防染糊调制	黄豆糊/黄豆粉、石灰粉、细网筛、不锈钢盆、打蛋器、量杯、水、克重称、糯米糊/糯米粉、米糠、石灰水、盐、蒸锅、刮糊刀、刮板、擂钵、搅拌器	

工艺环节	工具材料	部分工具材料图示
刮糊	黄豆糊/糯米糊、木屑粉/脱脂米糠、型板、3M胶、消色笔、软刮刀、塑料刮板、洗水大方盆、毛刷/牙刷、竹弓、衣架	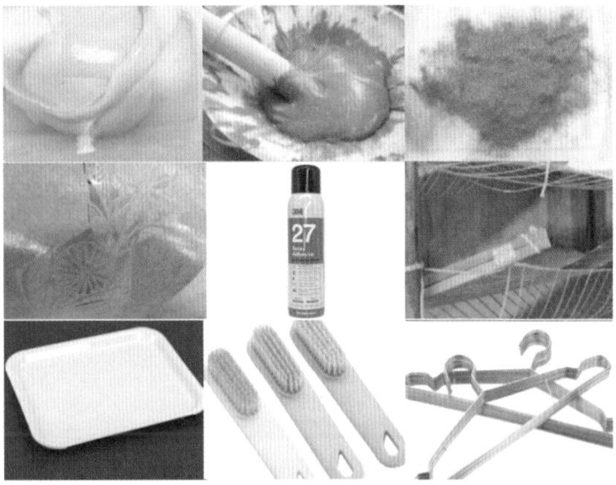
染色除糊	陶缸/塑料盆、蓝靛泥、碱性剂、营养剂、pH试纸、柠檬酸/醋酸、大水槽、硬刮板、软刷、修甲刀、夹子、晾晒架	

二、常用防染糊的类别与特性

目前仍然存在并广泛应用的传统型糊染防染剂主要为我国常用的黄豆糊（图5-3-1）和日本的常用的糯米糊（图5-3-2）。除此之外，实际上在工业生产的范畴，为了提高产量，已经有化学合成防染剂取代传统防染剂。

防染糊在刮糊前必须具备较强的粘黏性、一定的流动性和延展性等特性，刮完糊待完全干燥之后，就具有防染性和耐水性。染色时需要防染糊不易裂开剥落，染色完成之后又必须易于除糊。发展至今，我们所说的型糊染、防染糊基本上是由淀粉类加熟石灰 $[Ca(OH)_2]$ 调制而成，淀粉类除了常用的黄豆粉、糯米粉外，小麦、玉米粉也可以作为代用。淀粉类防染糊的选用因地制宜，由于中日两国不同的传统工艺特点，我国的"蓝印花布"图案特性更适用黄豆糊，而日本图案风格需要延展性更好的糯米糊，两种不同的糊剂各有其优缺点，都值得我们学习并加以研究和应用。

图5-3-1　黄豆糊（图片来源：自摄）

图5-3-2　糯米糊（图片来源：自摄）

（一）黄豆糊的特性

黄豆糊作为我国传统"蓝印花布"的防染剂被广泛运用，其使用之广泛也印证了制作黄豆糊防染剂的技术之精湛，制作时只需使用黄豆粉与消石灰加水调制成糨糊状即可，十分方便。其主成分是淀粉与蛋白质，加入碱性熟石灰与水混合调制，产生极强的黏着性与防水性。刮糊于布上干燥后，糊膜渗入纤维细缝中，牢固不易裂开，防染性极强，同时又耐高碱性，可于蓝染液重复染色，是最常用的传统防染剂，在我国又称"豆糊"或"灰浆"。

调制黄豆糊的过程中，石灰粉与黄豆粉的最常用比例为1：1，因此黄豆糊中碱性成分高，所以用黄豆糊做防染糊，所选择面料以棉麻为佳，真丝类蛋白质含量高的面料并不适用，面料有被碱性剂灼烧破洞的可能。黄豆粉除了对面料有所制约，其颗粒粗大，与糯米糊相较之下流动性较弱。为了提高黄豆糊的流动延展性，我们在调制黄豆糊之前要将黄豆粉和石灰粉分别过筛，所用筛网目数越高，所得黄豆粉和石灰粉就越细腻。再者，黄豆糊相对糯米粉没有那么好保存，黄豆粉容易干燥使糊剂变硬，存放时间过长糊剂容易变质，所以黄豆糊最好按照单次实际使用量调制，避免浪费。

（二）糯米糊的特性

使用糯米糊作为防染剂的起源，据考证最初是绘扇师宫崎友禅以糯米糊描绘图案轮廓，然后在图案的轮廓线内刷绘填色，慢慢地被用在真丝面料上，做成日式图案风格和服，也就是我们现在熟知的"友禅染"。后在此基础上还延伸出"筒糊描""撒糊"等多种防染技法。

糯米糊的制作原理通俗来说类似我们传统的打糍粑，都是经过高温后反复捶打，使其产生高黏性、弹性以及延展性。糯米糊的制作方法主要有二，一是"蒸煮法"，二是"水煮法"，区别主要是糯米粉与米糠混合后高温的方式不一样。糯米粉与脱脂米糠混合比例常用的是1：1，也可视当时气温、湿度、型染技法与染色次数适度调整。在此糯米糊中加入米糠粉的目的是增加糊膜厚度同时降低糯米过强的黏稠度。

糯米糊与黄豆糊这两种糊剂最大的差异就是糯米糊中的碱度极低,在糯米糊的制作过程中只加入了少量的澄清石灰水和少许海盐保证糊剂湿润,所以糯米糊性质温和,没有对面料的局限性,真丝面料也能被毫无顾忌地使用。且糯米糊糊剂基本上是水溶性,染色完成后除糊容易,浸泡溶解充分后即可轻柔去除。而糯米糊的短板就在于其防染性与耐水性弱于黄豆糊,因此以糯米糊做糊剂的面料每次染色时间不宜过长,次数不宜过多,一般来说不超过4遍,及时观察糊剂的状态,待糊剂干燥后再进行下一次染色。

三、型糊染的图案设计

可以作为型板图案的素材并无局限,我国传统"蓝印花布"通常遵循传统的审美,通过意象、象征、变形处理,体现对称、虚实和节奏韵律,常见的图案题材如福寿双全、龙凤呈祥、年年有余、鲤鱼跃龙门等,图案与精神寓意和谐统一,多年来已经形成独特的民间艺术朴实之美。

我们要跳脱出传统审美的第一步,就是在型板图案的选材上,承其法而弃其型,才有可能像日本型染艺术家柚木沙弥郎那样,在工艺之上形成自己的独有风格。原始图案来源可以是动植物、山川河流、人文古迹,或者是自己创作的具象的、抽象的等任何可以表达自己思考的图案,经过图案的二次设计得到型板。

型糊染的型板通常以单板为主,或者是混合独立纹样的套板。因其防染糊具有一定的收缩性,若是将单个纹样处理成多个独立型板的套板,在对板时会有很大的困难,但并不是不可操作,只是难度较高,过程烦琐。

在传统型染技法中,通常以雕刻技法为型板纹样做分类,与印章的雕刻恰好相反,主要分为阴板型糊(蓝底白花)(图5-3-3)、阳板型糊(白底蓝花)(图5-3-4)或是兼备阴阳刻法的混板型糊(图5-3-5)。同一个简单纹样通过刻板技法的变化,同样可以有很多表现形式。

图5-3-3　阴板型糊(图片来源:自摄)　　图5-3-4　阳板型糊(图片来源:自摄)

图5-3-5　混板型糊（图片来源：自摄）

　　我们一般会将原始图案复印保留，在复印稿上做二次设计，也就是"修板"，将图案以黑白稿呈现，需要刻掉的部分显现黑色，修完之后的板经过刻板便得到我们最终的型板。建议初学者先选择单一图案练习阴板型糊，也就是蓝底白花，对工艺流程熟悉后再做不同刻法的综合运用，以及尝试复杂图案排列。

　　除了以雕版技法为型板做分类之外，我们通过对大量型糊染作品的对比研究，总结出几点用纹样排列构成的方式为型板分类。

（一）单一底纹具象表达

　　单一底纹即整个型板为单色（纯白底或纯蓝底），或整个型板以重复的单独纹样为底（如点状、线状、面状），在其之上有一个或一系列完整的纹样，这种构成方式适合有主题性的具象图案或故事性纹样，层次感强，但对工艺的熟悉程度要求很高，可从简单的纹样练习（图5-3-6），在熟悉掌握技法之后再尝试进阶表达（图5-3-7）。

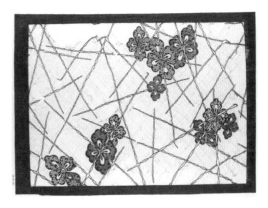

图5-3-6　单一底纹构成方式练习纹样

图5-3-7　日本型板1（图片来源：美国大都会博物馆）

（二）单个纹样重复组合

单个纹样重复组合可以是单独纹样的简单重复，也可以是将多个单独纹样排列成组合，再将整组纹样进行不同形式的平铺排列。这种组合形式常用于连续性纹样，二方连续或四方连续，给人清爽大气、稳定平衡的视觉感受（图5-3-8、图5-3-9）。

（三）主次纹样沉浮排列

主次纹样沉浮排列即通过主次两种纹样的沉浮组合，构建一种新的纹样。该造型方式不仅丰富了纹样的形式感，使其在设计创作上更加丰盈灵动，也包含着更多的情感寓意。一主一次搭配成一种上下沉浮、和谐平衡的组合花型（图5-3-10、图5-3-11）。

图5-3-8　单个纹样重复组合练习纹样

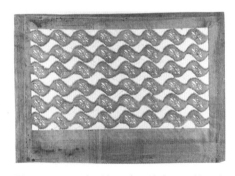

图5-3-9　日本型板2（图片来源：美国大都会博物馆）

图5-3-10　主次纹样沉浮排列练习纹样

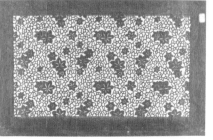

图5-3-11　日本型板3（图片来源：美国大都会博物馆）

四、刻板与张网技法

（一）刻板工具使用及注意事项

刻板工具如本章第三节表5-3-1所示，我国"蓝印花布"制板所用型纸为牛皮纸，刻完花板后正反面涂刷熟桐油以增强其耐水性及防止花板变形；涩柿纸为日本制板常用型纸，因其制作周期长、价格高昂，常由另一种以塑料薄膜制成的洋型纸作为代替；同样，在我国近几年也有300g的防水卡纸作为代替型纸而被广泛应用。

不管何种型纸，使用方法都一样，确定图案后裁剪型纸的大小必须比原图案设计多出至少30%，将修好版的设计稿等比复印，保留原稿，将图案线稿复印件上需刻掉的边框线与架桥线用红笔标出，再用3M暂黏胶在复印图稿的背面薄薄的喷洒一层，放置于型纸正中心，抹平，避免刻板过程中图稿滑动。然后铺在切割垫上，手持刻刀沿着红笔标出的线迹雕刻即可。如果是比较复杂的图案，可以将设计稿置于一旁，方便刻板中途随时参考确认图案的准确性。

手持刻刀时首先应注意握刀姿势，正确的握刀姿势同毛笔的握笔姿势，刀尖垂直于纸面（图5-3-12），下刀时需谨慎不宜用力过猛，根据所用型纸的厚度调整下刀的用力大小。下刀后将刀面倾斜与纸面形成45°角，顺应图案线条轨迹转动刻刀或转动型纸图稿，同时身体保持不动。同一幅图稿中的刻板顺序一般遵循从小到大、从内至外的基本原则，以降低在刻板过程中图案断裂形成废板的概率。刀片使用过久或用力不当刀尖会有磨损，需马上更换刀片，勉强使用会造成刻线毛边，最终影响刮糊品质。刻板过程中若是误刻造成型板图案线条断裂，或者是想要加强图案线条与四周边框连接处，需要裁剪同等面积的防水胶带双面粘贴修补，类似"修板架桥"的原理。

雕刻型板的工具除了目前常用的可更换刀片的刻刀以外，刻刀不易雕刻点状的图案，打孔器的介入可以大大提高刻板效率。皮雕工艺中金属制的锥状冲孔模具，有多种大小圆型及其他花型纹样，可以选择组合运用，直接凿洞非常方便。使用打孔器雕版时，将型纸

图5-3-12 刻刀的使用（图片来源：自摄）

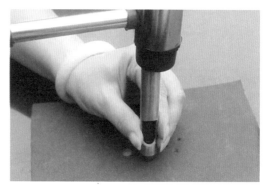

图5-3-13 铣子打孔（图片来源：自摄）

置于厚橡胶垫上，一手持住打孔器，另一手持木槌从上用力敲打（图5-3-13），即可成为孔洞式图案。

中国传统"蓝印花布"中的很多图案，就常用不同大小的连续圆孔形成长串线条或块面作为装饰边框，或者全部以小圆点构成连续图案造型，与刻刀雕刻的主图案互为相衬，增加型板的丰富性。在这一点上，日本的江户小纹所染制的小纹和服衣料满布重覆单元小圆点图案，在技术上就与我国"蓝印花布"有异曲同工之妙。

（二）张网技法原理及注意事项

型板图案是由图案设计、型纸的镂空情况以及所使用的的防染糊等因素来决定是否需要张网刷漆，并非每一张型板图案都需要。如果是使用阴刻法的蓝地白花图案，镂空面积小，无需张网补强。我国"蓝印花布"中常见的蓝地白花连续图案，其蓝地面积大，长线条枝叶图案用切节点方法刻板，型板镂空面积小且分布平衡，这就是巧妙的运用图案设计与刻板方法省去了张网工序。若是未张网强化型板的白地蓝印花布，其图案之间就必须有"架桥"，不可断开，且蓝花图案多数有短条或圆点构成，同样镂空面积小分布均匀。

由此可见，单版型糊染对图案相对有很大的局限性，若是刻意略过"张网"工序，在图案设计上不仅不能还原设计原貌，同时多处需采用节点，以维系镂空花板强度与刮糊的适切性，难度相对较高。所以在设计白地蓝花或者留白面积较大的图案时，必须张网刷漆补强型板，其目的是增强型板的耐用性。因此，在型板图案设计之时，用何种刻板技法将决定是否需要张网工序。

张网技法在我国历史上称为"入丝"，早期采用生丝一条一条经纬纵横排列固定，再刷生漆使生丝与型板粘合。日本型染工艺的传统型板制作，基本上都有张网步骤，因此其图案设计与雕刻上可以有极细长线条或连续块状镂空，也有临时的"架桥"（吊接点）衔接在图案或边框之间，在张网刷漆未干之前予以剪除。再者，日本型染使用糯米糊剂，糯米糊颗粒细，流动性佳，刮糊后透过绢网会自然形成整糊膜。

目前张网使用的纱网由生丝织成，质地轻薄，也称"绢网"（图5-3-14），网目分粗细密度不同之分。粘贴绢网的涂料为卡士漆，卡士漆中主成分为腰果油，使用时加稀释溶解液。稀释液主成分为松节油，使用量为卡士漆的2~3倍，适量调制于塑胶小碗，刷涂后需数小时才干燥。

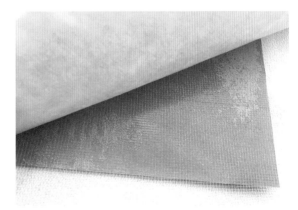

图5-3-14　张网型板（图片来源：自摄）

（三）张网刷漆的步骤工序

（1）裁剪网纱，网纱四边的尺寸比型板四边各多出2~3厘米，裁剪前网纱需是平整状态。

（2）按序排放型板与网纱，型板正面朝上放在数层旧报纸上，网纱覆于型板之上，型板使用前需是平坦状态，若不平坦，可反卷型板或先浸水再拭干再用。

（3）择一通风处准备刷漆，第一遍漆调稀薄些以便于刷涂，以小毛刷沾漆从型板中央刷涂固定，重复两边，趁湿揭起置于干燥处。

（4）刷涂第二遍漆需在型板半干时，在同一面刷漆以增加漆膜厚度，过程中需注意网纱孔洞勿被漆膜阻塞，如有阻塞，及时清理。

（5）刷完两遍漆后将型板取下，移至他处，自然干燥。

（6）与边框有"架桥"的白地蓝花图案的型板，待漆半干后，从型板背面用剪刀小心剪掉"架桥"。

（7）待型板完全干燥后，背面重复以上步骤刷漆，同时仔细检查是否有堵塞。

（8）漆刷完成，以少量松节油清洗毛刷，吸干多余漆液。

五、防染糊的调制与刮浆

（一）黄豆糊的调制及注意事项

黄豆糊中所需黄豆粉以新鲜的生黄豆粉为佳，一般来说颜色越白越新鲜，石灰粉需要熟石灰，即氢氧化钙。石灰粉与黄豆粉比例最常用为5：5，视情况适当调整比例。

1. 具体调糊步骤（以调制100克黄豆糊为例）

（1）将备好的黄豆粉、石灰粉分别过筛（图5-3-15），取黄豆粉、石灰粉各50克混合在一起（图5-3-16）。

图5-3-15　黄豆粉过筛（图片来源：自摄）　　图5-3-16　混合黄豆粉、石灰粉（图片来源：自摄）

（2）用量杯备水120毫升，少量多次加入。

（3）用打蛋器顺时针方向大力搅拌（图5-3-17），搅拌至没有颗粒物，表面光滑类似奶油状即可（图5-3-18）。

（4）用软刮刀将调好的黄豆糊刮到一个干净容器内，容器上覆盖湿毛巾备用。

图5-3-17　黄豆糊（图片来源：自摄）　　　　图5-3-18　搅拌好的黄豆糊（图片来源：自摄）

2. 注意事项

（1）调制好的黄豆糊以当天使用为佳，若隔天使用需冷藏保证其湿润，再次使用前先搅拌观察黄豆糊状态。

（2）黄豆糊中石灰含量高，刮糊过程需要勤洗板。

（3）黄豆糊水分蒸发快，需要用雾状喷壶及时喷洒保持表面湿润。

（4）刮糊之后需马上清洗所用的工具，或泡在水中，否则干燥之后很难完全清洗干净。

（二）糯米糊的调制及注意事项

糯米糊中糯米粉与米糠粉（小纹糠）的比例常用为1∶1或1∶1.5，根据天气和湿度适当调整。米糠粉以脱脂米糠为佳，脱脂米糠需要新鲜保存与使用。糯米糊中所需要的生石灰量为糯米粉的1%，使用时加水搅拌，取上层澄清液备用。米糠粉和石灰水的使用是为了增加糯米糊的厚度，在降低其弹性、碱性剂的同时还能延长糯米糊的保存时间。

1. 蒸煮法糯米糊调制步骤（以调制200克糯米糊为例）

（1）取过筛糯米粉、米糠粉（图5-3-19）各100克，混合搅拌均匀（图5-3-20），加入少量热水搅拌至可成团糊状。

（2）将生糯米团分成数块，捏成手掌大小的中空甜甜圈状，甜甜圈厚度小于2厘米为佳（图5-3-21）。

（3）备蒸锅，在隔层垫细棉布，将捏好的生糯米甜甜圈置于细棉布上，大火蒸制1小时（此步骤注意不宜中途加水，水烧开后开始蒸）。

（4）擂钵预热，将已经熟透的糯米饼放入擂钵，用搅拌器迅速不停地搅拌，少量多次加入热水，加入热水总重不超过糯米粉与米糠粉的总重，继续搅拌打至表面没有结块颗粒。

（5）加入石灰水澄清液50毫升左右，可再加入少许海盐，继续搅打，糯米糊慢慢变成土黄色。

（6）打糯米糊是一个很需要耐心的过程，打至糯米糊表面泛光泽后用搅拌器往上提，当糯米糊流动性好且不断往下滴落，即可舀出备用（图5-3-22）。

图5-3-19　糯米粉（图片来源：自摄）

图5-3-20　糯米粉与米糠粉（图片来源：自摄）

图5-3-21　糯米糊（图片来源：自摄）

图5-3-22　搅打糯米糊（图片来源：自摄）

2. 水煮法糯米糊调制步骤（以调制200克糯米糊为例）

（1）取过筛糯米粉、米糠粉各100克，混合搅拌均匀，加入少量热水搅拌至团状。

（2）煮水锅备沸水，将生糯米团捏成薄饼状，下入沸腾的锅中10~20分钟，薄饼上浮即可。

（3）擂钵预热，将已经熟透的糯米饼放入擂钵，用搅拌器迅速不停搅拌，少量多次加入热水，加入热水总重不超过糯米粉与米糠粉的总重，继续搅拌打至表面没有结块颗粒。

（4）加入石灰水澄清液50毫升左右，可再加入少许海盐，继续搅打，糯米糊慢慢变成土黄色。

（5）打糯米糊是一个很需要耐心的过程，打至糯米糊表面泛光泽，用搅拌器往上提流动性好且不断往下滴落，即可舀出备用。尚不确定时可试刮布面，布面需具有一定的弹性和延展性。

3. 注意事项

（1）调制好的糯米糊以当天使用为佳，若隔天使用需冷藏密封保存，再次使用时加入少量热水再次搅拌后再使用。

（2）刚刚调制的糯米糊不能马上使用，需待其冷却。

（3）未使用时用湿毛巾覆盖以保持表面湿润。

（三）刮糊的技法工序

（1）在备好的光滑台板是上喷上3M暂黏胶或台板胶，使面料平整暂时固定于台面上；如无3M暂黏胶或台板胶可以用美纹胶代替，固定面料的四周（图5-3-23）。

（2）型板置于大盆泡水半小时，取出型板用吸水大毛巾轻轻沾干水分。

（3）将型板置于面料上，根据图案大小选用大小尺寸刮刀。

（4）第一遍糊略微用力，刮厚糊，取适量防染糊置于正前方，刮刀垂直下往靠近自己的方向倾斜约70°，再横向刮一遍，直至刮满所有图案部分，清除多余糊料（图5-3-24）。

（5）第二遍薄刮一层，适量增加糊的厚度，但也不可以过厚，清除多余糊料（图5-3-25）。

（6）揭起型板，一只手压住型板下方任意一角，另一只手从对角方向缓慢揭起，将型板从面料上分开（图5-3-26）。

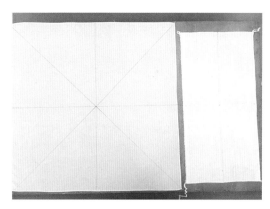

图5-3-23 黄豆糊刮糊1（图片来源：自摄）

图5-3-24 黄豆糊刮糊2（图片来源：自摄）

图5-3-25 黄豆糊刮糊3（图片来源：自摄）

图5-3-26 黄豆糊刮糊4（图片来源：自摄）

（7）将型板浸泡在大水盆中，然后在光滑的台面或者大的平口盘中以软毛刷清洗。黄豆糊极易残留在图案的边缘转角位，需用软毛刷细心刷干净。

（8）以黄豆糊做防染糊不宜连续刮多次板，因黄豆糊水分蒸发快，糊膜容易硬化，故想要型板经久耐用，勤洗板是关键。

（9）从台板上揭起面料，左右手各执一角，缓慢掀起。

（10）使用糯米糊为防染糊刮完板后，将细木屑或粗木糠均匀撒在面料的糯米糊上吸去多余水分，后轻轻将面料提起，抖落掉多余木屑（图5-3-27）。

（11）用晾衣架或竹弓将面料撑平，以湿毛巾在面料反面轻刷沾湿，增强糯米糊与面料的粘黏性，然后置于室外晾干燥（图5-3-28）。注意，（10）（11）仅用于糯米糊。

图5-3-27　糯米糊上糊1（图片来源：自摄）

图5-3-28　糯米糊上糊2（图片来源：自摄）

第四节
型糊染的染色流程与注意事项

一、型糊染染色流程

（1）浸湿面料，沥干水备染。黄豆糊防染可直接将面料在水中浸湿，糯米糊防染不可水中久泡，最好从面料反面以喷雾状的水将面料浸湿。

（2）垂直进入染缸，以吊挂形式浸染。型糊染面料在染色时面料与面料之间不可发生粘连，长条面料可以采用折扇式挂法浸染，刮糊布幅需配合蓝染缸深度，避免浸染时下方布沾染蓝泥。需层层分开才能达到最佳防染效果。

（3）充分氧化，冲去浮色，避免形成色斑染色不匀。

（4）根据图案需要增减染色次数与时长。

（5）染完后晾干，待除糊。

二、型糊染染色注意事项

（1）染色和刮糊一样，需要在晴天进行，因为糊料中的淀粉都具有一定的吸湿性，受潮极易剥落，干燥后无法起到防染作用。

（2）型糊染适合以短时间多次数方式浸染，糯米糊因不耐浸染过久，每次浸染时间不超过3分钟，每一次染色时间间隔尽量滴水至半干再进行下一次浸染，连续2~3次浸染、氧化后，晾干再染下一次（图5-4-1）。

（3）型糊染面料染过几次后需将面料180°旋转再染，才能使染色均匀（图5-4-2）。

图5-4-1 型糊染染色1（图片来源：自摄）

图5-4-2 型糊染染色2（图片来源：自摄）

三、型糊染除糊

染色结束后，需待糊膜全干后再淋水去除浮色，晾干后确定蓝染颜色浓度与色泽深度，确认无误后再进行除糊。糯米糊的除糊方法最为简单，黄豆糊的除糊相对复杂，可分为干除法（图5-4-3）和湿除法（图5-4-4）。

图5-4-3 黄豆糊干除法（图片来源：自摄）

图5-4-4 黄豆糊湿除法（图片来源：自摄）

（一）糯米糊除糊

糯米糊除糊时，以大水盆浸泡面料数十分钟即软化逐渐脱落。提布振动或以小块海绵轻微擦拭糊膜，即可去除干净，显出图案。

（二）黄豆糊除糊

1. 干除法

黄豆糊膜固化渗入纤维细缝中，干燥后十分牢固坚硬。干除法是我国生产"蓝印花布"特有的除糊技法，可将布绷紧后以刀锋的斜侧面刮去黄豆糊。我们现在常用的干除法是用手45°拉扯面料的斜纱，将糊剂拉松，松动后的黄豆糊相对好除去。

2. 湿除法

黄豆糊防染面料除糊通常是干湿除法共用，干除法没有去除干净的黄豆糊以温水浸泡，待糊膜膨胀彻底软化后，将布摊开于平台以软刷轻洗，用小刮刀协助除糊。黄豆糊的糊剂易残留面料的纤维缝隙之中，导致面料粗硬，可以另准备pH为4~5的冰醋酸稀释液，浸泡1~2分钟，随即取出水洗。

黄豆糊防染棉麻布，糊膜去除后，白色图案部分略呈微黄时，另以家用次氯酸钠漂白水稀释，略为浸泡可使其转白。

第五节
型糊染作品赏析

型糊染作品如图5-5-1~图5-5-5所示。

图5-5-1 中途除糊与中途上糊作品（作者：陈咏梅）（图片来源：自摄）

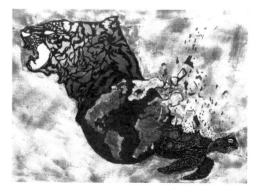

图5-5-2 型糊染与蜡染作品（作者：陈咏梅）（图片来源：自摄）

图5-5-3　型糊染作品（作者：李宁）（图片来源：自摄）

图5-5-4　型糊染作品（作者：汤志伟）（图片来源：自摄）

图5-5-5　型糊染作品（作者：陈怡仁）（图片来源：自摄）

思考题

1.中国型糊染的独到之处及对他国型糊染的影响有哪些？

2.在以经济发展为核心的今天，坚持传统手工型糊染有何意义？

3.如何让型糊染在当代生活中得以更好地传承？

参考文献

[1] CATHERINE LEGRAND. Indigo—the colour that changed the world [M]. London: Thames & Hudson, 2013.

[2] 赵丰. 中国丝绸艺术史 [M]. 北京：文物出版社，2005.

[3] 贺琛，杨文斌. 中华锦绣：贵州蜡染 [M]. 苏州：苏州大学出版社，2009.

[4] 汉生文化. 蜡染 [M]. 贵阳：贵州人民出版社，2008.

[5] 杨建军. 近代欧洲的染织艺术 [J]. 装饰，2002（8）：55-56.

[6] 朱显达. 浅析西方蓝染的历史渊源以及关系 [J]. 工业设计，2017（10）：48-49.

[7] 杨建军. 隋唐染织工艺在敦煌服饰图案中的体现 [J]. 服饰导刊，2012，1（2）：4-10.

[8] 梁慧娥，顾鸣，刘素琼，等. 艺术染整工艺设计与应用 [M]. 北京：中国纺织出版社，2009.

[9] 吕唯平. 吕唯平扎染艺术 [M]. 武汉：武汉大学出版社，2016.

[10] 沈从文. 谈染缬——蓝底白印花布的历史发展 [J]. 文物参考资料，1958（9）：13-15.

[11] 刘素琼，高卫东，梁慧娥. 以我国遗存绞缬物为对象的传统扎染技术研究 [J]. 纺织学报，2014，35（10）：103.

[12] 杨建军. 扎染艺术设计教程 [M]. 北京：清华大学出版社，2010.

[13] 王乐，朱桐莹. 阿斯塔那Ast.vi.4号墓出土的两件木俑——十六国时期服饰研究 [J]. 考古与文物，2019（2）：89-94.

[14] 张道一. 中国印染史略 [M]. 南京：江苏美术出版社，1987.

[15] 李鼎霞，许德楠. 入唐求法巡礼行记校注 [M]. 石家庄：花山文艺出版社，2007.

[16] 金少萍，王璐. 中国古代的绞缬及其文化内涵 [J]. 烟台大学学报（哲学社会科学版），2014，27（3）：100-120.

[17] 《宋史》卷一百五十三《舆服五》[M]. 北京：中华书局，1997.

[18] 孙波. 艺术染整的现状研究 [J]. 青春岁月，2013（16）：103.

[19] 司马光. 资治通鉴：第4册 [M]. 胡三省，音注. 北京：古籍出版社，1956.

[20] 罗钰，钟秋. 云南物质文化·纺织卷 [M]. 昆明：云南教育出版社，2000.

[21] 河上繁树，藤井健三. 织りと染めの史日本编 [M]. 东京：日本昭和堂，2004.

[22] 余涛. 历代缬名及其扎染方法 [J]. 丝绸，1994（3）：52-54.

[23] 杨文斌，杨亮，王振华.百工录·苗族蜡染 [M].南京：江苏凤凰美术出版社，2015.

[24] 贺琛，杨文斌.中华锦绣：贵州蜡染 [M].苏州：苏州大学出版社，2009.

[25] 余强.中国民间传统染缬工艺考析 [J].重庆三峡学院学报，2018，34（1）：50-56.

[26] 杨建军，崔岩.从日本正仓院蜡染藏品看中日古代蜡染艺术 [J].浙江纺织服装职业技术学院学报，2010，9（4）：70-74.

[27] 贾京生.凝练之美——论中国民间蜡染艺术形式要素的构成美 [J].美与时代（上半月），2009（12）：95-99.

[28] 龚建培.并列与延伸——现代蜡染艺术 [J].装饰，2003（8）：39-40.

[29] 王华.蜡染源流与非洲蜡染研究 [D].上海：东华大学，2005.

[30] 庄梦轩.马来西亚蜡染艺术发展史探究 [D].南京：南京艺术学院，2016.

[31] 张琴.各美与共生——中日夹缬染比较研究 [M].北京：中华书局，2016.

[32] 汉声编辑室.夹缬 [M].北京：北京大学出版社，2007.

[33] 郑巨欣，石塚广.夹染彩缬出——夹缬染的中日研究 [M].济南：山东画报出版社，2017.

[34] 赵丰，段光利.从敦煌出土丝绸文物看唐代夹缬染图案 [J].丝绸，2013，50（8）：22-27，35.

[35] 吴元新，吴灵姝.传统夹缬的工艺特征 [J].南京艺术学院学报（美术与设计版），2011（4）：107-110.

[36] 郑巨欣.日本夹缬染的源流、保存及研究考略 [J].新美术，2015（4）：44-49.

[37] 牛合兵.宋代印染技术研究 [J].洛阳师范学院学报，2018，37（12）：47-52

[38] 郑巨欣.中国传统纺织印花研究 [D].上海：东华大学，2005.

[39] 朱桐莹.汉唐时期防染印花研究 [D].上海：东华大学，2018.

[40] 朱蕾.夹缬图案研究 [D].苏州：苏州大学，2010.

[41] 钟恒.唐代吐鲁番与正仓院丝织品比较及修复保护技术研究 [D].上海：东华大学，2011.

[42] 程应林，刘师中.江西贵溪崖墓发掘简报 [J].江西历史文物，1980（4）：34-53.

[43] 刘魁立.民俗文化——蓝印花布 [M].北京：中国社会出版社，2011.

[44] 赵翰生.中国古代纺织与印染 [M].北京：商务印书馆，1997.

[45] 吴元新，吴灵姝.蓝印花布 [M].北京：中国社会出版社，2007.

后　记

　　从初识植物染到慢慢深入学习实践，这一路走来，不少植物染同好和我们有相同的体会，鲜少在同一本书中系统地讲解植物染以及其相关技艺，并同时兼备分析每一种工艺背后的逻辑与思维模式，让读者在边学边做的过程中，既承袭传统技艺，又能在理解其底层逻辑后通过大量的练习实践形成自己的风格。

　　精通技艺的过程，不是简单的技术"堆叠"，而是综合学识积累的"杂糅"研习与论证演绎；依循、理解教程的基本思维模式进行拓展，根据自己的状况进行量化设定的个人化训练模式，通过大量的带有实验性的论证过程，才是塑造一位高手的捷径，也才能拥有"渔"术之"秘籍"。

　　近一年的时间里，我们向大家表达我们对传统植物染技艺的理解和观点，分享自己的实践体悟，编者团队经过不断讨论、修改与磨合，最终得以形成本书。

　　在这本书的最后，我们要感谢深圳大学的资助，感谢贵州凯里学院杨文斌老师、吴安丽老师，乐清夹缬省级"非遗"传承人陈献武老师，蓝夹缬博物馆王河生老师，水色染坊主理人王浩然老师，江苏省中科院植物研究所徐增莱老师，中国台湾工艺大师、天染工坊艺术总监陈景林老师，中国台湾蓝染专家马芬妹老师，天染工坊中国台湾自然色主理人汤文君老师，以及所有为本书提供宝贵意见和建议的老师们、朋友们。我们自知前路漫漫，希望通过这本书为传统植物染技艺的传承与发展贡献自己的微薄之力，同时打开一个新的通道，与诸位同好共同进步！

编著者

2023年5月